슐라이덴이 들려주는 식물 이야기

슐라이덴이 들려주는 식물 이야기

초판 1쇄 발행일 | 2010년 9월 1일
초판 12쇄 발행일 | 2021년 5월 31일

지은이 | 엄안흠
펴낸이 | 정은영
펴낸곳 | (주)자음과모음

출판등록 | 2001년 11월 28일 제2001－000259호
주　　소 | 04047 서울시 마포구 양화로6길 49
전　　화 | 편집부 (02)324－2347, 경영지원부 (02)325－6047
팩　　스 | 편집부 (02)324－2348, 경영지원부 (02)2648－1311
e－mail | jamoteen@jamobook.com

ISBN 978－89－544－2211－6 (44400)

• 잘못된 책은 교환해드립니다.

슐라이덴이 들려주는

식물 이야기

| 엄안흠 지음 |

㈜자음과모음

슐라이덴을 꿈꾸는 청소년을 위한 '식물' 이야기

집안에서 키우는 화초, 길가의 가로수, 들판의 이름 모를 풀과 꽃, 숲 속의 나무 등 우리 주위를 둘러보면 다양한 식물들을 볼 수 있습니다. 우리가 먹는 과일, 채소, 나물도 모두 식물입니다.

이렇게 주변에서 쉽게 찾아볼 수 있는 식물은 어디에나 흔하게 존재하지만, 아주 소중한 생물이랍니다. 먹이 사슬을 생각해 보세요. 식물은 먹이 사슬 피라미드에서 가장 밑에 분포하여 지구의 수많은 생물들을 먹여 살리고 있답니다. 식물이 햇빛을 이용해 스스로 양분을 만드는 덕분이지요. 게다가 우리가 숨 쉬는 데 필요한 산소를 공급해 주는 고마운 생물입니다. 그래서 식물은 지구의 환경을 지켜 주는 파수꾼이라고 하지요.

이처럼 식물은 우리 가까이에 어디에든 있으며, 우리에게 많은 것을 주는 아주 소중한 생물입니다. 그런데 우리는 식물에 대해 얼마나 알고 있나요?

이 책은 슐라이덴이 수업의 형식으로 식물에 관한 여러 가지 이야기를 들려주고 있습니다. 슐라이덴은 오랫동안 식물의 세포를 연구했고, 모든 식물은 세포로 이루어져 있다고 주장한 유명한 식물학자입니다.

어떤 생물을 식물이라고 하는지, 식물은 언제 어떻게 나타났으며 얼마나 다양한지, 식물은 어떻게 생겼으며 어떻게 양분을 얻고 자손을 어떻게 만들며 살아가는지, 식물은 자극에 어떻게 반응하는지, 인간에게 식물은 얼마나 중요한지 등 식물의 모든 것에 대해서 여러분에게 자세하게 들려줄 거예요.

끝으로 이 책을 출간할 수 있도록 도와준 (주)자음과모음의 사장님과 관계자 여러분에게 깊은 감사를 드립니다.

엄 안 흠

차례

부록

첫 번째 수업 1

식물의 특징, 진화와 분류

식물이 다른 생물과 구별되는 특징을 알아봅시다.
육상 식물의 조상은 어떤 생물인지 알아봅시다.
식물을 분류하는 방법과 종류를 알아봅시다.

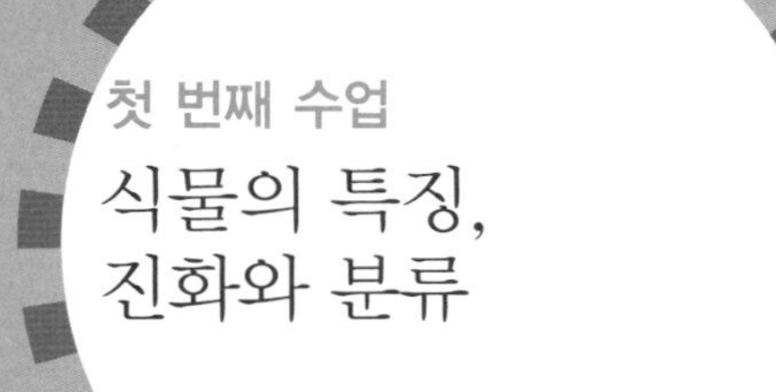

1

첫 번째 수업

식물의 특징, 진화와 분류

교. 초등 과학 4-2　1. 식물의 세계
과. 초등 과학 5-2　1. 환경과 생물
연. 초등 과학 6-1　5. 주변의 생물
계. 중등 과학 1　4. 생물의 구성과 다양성
고등 생물 II　4. 생물의 다양성과 환경

슐라이덴이 학생들을 둘러보면서 첫 번째 수업을 시작했다.

여러분은 앞으로 나와 함께 식물에 대한 여러 이야기를 하게 될 거예요. 짧지 않은 여행을 시작하기 전에 여러분은 '식물' 이란 낱말을 들으면 어떤 것들이 떠오르는지 생각나는 대로 얘기해 보세요.

__ 향기로운 장미나 튤립, 국화꽃 등이 생각나요.

__ 학교 운동장에 있는 소나무와 단풍나무도 식물이에요.

__ 우리가 먹는 쌀과 여러 가지 나물 반찬도 식물이에요.

그렇지요. 꽃, 나무, 채소, 과일 그리고 곡식 등이 모두 식물이에요. 여러분은 이미 식물에 대해서 많이 알고 있군요.

식물은 현미경으로 보아야만 보이는 아주 작은 개체에서부터 키가 100m보다 더 큰 미국삼나무까지 아주 다양해요.

그런데 현재까지 전 세계적으로 발견된 식물이 30만 종이나 된다는 사실을 여러분들은 들어본 적이 있나요? 학자들은 앞으로 더 많은 종이 발견될 것으로 생각하고 있어요.

그리고 지금까지 발견되지 않은 대부분의 식물은 아마도 열대 우림에 있을 것으로 추측하고 있어요. 열대 우림은 지금까지 가장 많은 생물들이 발견된 곳이면서 아직 발견되지 않은 종이 많이 있을 것으로 생각되는 곳이에요.

그럼, 어떤 특징을 가진 생물을 식물이라고 할까요?

식물의 특징

식물은 지구의 거의 모든 환경에 적응해 살아가지요. 얼음이 꽁꽁 언 극지에서 사는 식물도 있고, 반대로 덥고 건조한 사막에서 자라는 식물도 있어요.

이처럼 다양한 환경에 적응하며 살아가는 식물은 크기뿐만 아니라 형태도 각기 다르게 발달하게 되어 독특한 특징을 가지게 되지요.

그럼 이렇게 다양한 식물의 공통적인 특징은 과연 무엇일까요?

__ 어떤 식물도 스스로 장소를 이동해 갈 수 없어요.

맞아요. 식물도 동물처럼 살아 있는 생물이지만 동물과는 달리 스스로 움직일 수 없어요. 그리고 또 무엇이 있을까요?

바로 동물이나 사람과 달리 스스로 양분을 만들 수 있는 능력을 가지고 있다는 거예요. 즉, 동물이나 사람은 살아가기 위해서 무언가를 먹어야 하지만 식물은 그렇지 않아요.

이렇게 움직이지 못하지만 스스로 양분을 만들 수 있는 식물은 초식 동물의 먹이가 되기 때문에 지구상의 다른 많은 생물들에게 매우 소중한 존재랍니다. 식물이 없었다면 우리가 알고 있는 지구상의 대부분의 생명체는 나타나지 않았을지도 모르지요.

지금까지 식물이 동물과 다른 특징을 알아보았어요. 그런데 식물은 언제부터 땅 위에서 살게 되었을까요? 그리고 식물의 조상은 어떤 생물일까요?

식물의 진화

__ 식물은 처음부터 땅 위에서 살지 않았나요?

그렇지 않아요. 아마도 모든 생물의 조상은 바다에서 시작했을 것으로 보고 있어요. 자, 이제부터 식물이 언제, 어떻게 땅 위로 올라와 살게 되었는지 알아봅시다.

어떤 생물의 조상을 알기 위해서는 많은 경우에 화석을 이용하게 되는데, 동물은 화석이 되는 뼈나 단단한 부분을 가지고 있어 화석을 이용해서 조상을 추정해 볼 수 있어요.

하지만 식물은 화석이 되기 전에 분해되기 쉬워서 오래된 화석이 별로 없어요. 현재까지 알려진 가장 오래된 식물 화석은 약 4억 2천만 년 전에 살았던 식물로 생각하고 있어요. 발견된 식물 화석이 고대의 녹조류와 아주 비슷하기 때문에 과학자들은 이런 식물의 일부가 현재의 식물로 진화했을 것으로 추정하고 있지요.

즉, 식물의 조상은 바다에 사는 파래 같은 녹조류의 조상과 같을 것으로 생각하고 있어요. 녹조류는 물속에 살면서 광합성을 하는 단순한 생물이에요.

식물과 녹조류는 같은 종류의 광합성 색소인 엽록소와 카로티노이드를 가지고 있기 때문에 이러한 사실을 포함한 여러 가지 증거들을 토대로 과학자들은 식물과 녹조류의 조상이 같을 것이라고 생각하게 되었지요. 그래서 초기의 육상 식물은 물웅덩이 주변에서만 살았을 것으로 추측하지요.

소나무와 같은 솔방울을 만드는 식물은 아마도 3억 5천만 년 전에 살았던 식물에서 진화했을 것으로 추정하고 있고, 꽃이 피는 식물은 약 1억 2천만 년 전까지는 지구상에 나타나지 않았던 것으로 추정하고 있지만, 정확한 기원은 알려지지 않고 있어요.

이렇게 물속에서 살던 식물이 땅 위로 올라오게 되면서 지

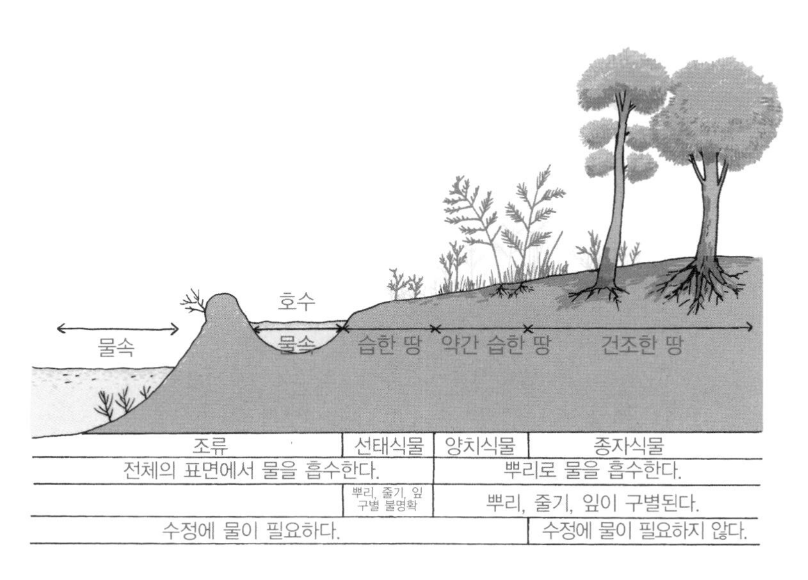

식물의 진화

금과 같이 아주 번성하게 되었어요. 그렇다면 땅 위로 올라와서 식물이 얻는 이득은 무엇이었을까요?

땅 위에서는 물속에서보다 더욱 많은 햇빛과 이산화탄소를 얻을 수 있었지요. 당시 지구의 대기에는 이산화탄소가 풍부한 대신 산소는 거의 없었답니다. 우리가 나중에 좀 더 자세히 살펴보겠지만, 광합성을 하는 동안 식물은 이산화탄소를 사용하고 산소를 방출하지요.

그리고 점점 더 많은 식물이 땅 위에서 살아가게 되어 대기의 산소 양은 점점 더 늘어나게 되었어요. 이때부터 사람을 비롯하여 산소를 이용하는 많은 생물이 살 수 있는 환경이 만들어지게 되었지요.

그렇다면 땅 위로 올라온 식물에게 닥친 어려움은 무엇이었을까요?

바닷물 속에서 살아가는 파래나 미역 같은 조류를 생각해 보세요. 조류는 주변에서 직접 물과 양분을 얻을 수 있지요. 또한 몸체는 물이 잘 잡아 주고 있고, 생식을 위해서 정자는 물속을 수영하여 난자를 만날 수 있겠지요.

그런데 땅 위의 환경은 어떤가요? 식물이 땅 위에서 살기 위해서는 땅에서 물과 양분을 흡수하여 손실되지 않도록 잘 보관하고, 필요한 곳으로 전달해야만 해요.

현재의 식물은 뿌리가 발달해서 토양에서 물과 양분을 흡수하고, 식물 표면은 큐티클로 싸여 있지요. 큐티클은 식물의 표피 세포에서 분비된 왁스 같은 물질인데 물이 증발되는 것을 막아 줍니다. 그리고 많은 식물이 각 조직과 기관으로 물과 양분을 이동하기 위해 관다발을 갖고 있지요.

또한 물이 몸체를 잡아 주었던 물속과는 달리 스스로 몸체를 똑바로 세워야 광합성을 하는 데 유리한 조건이 되겠지요. 따라서 현재의 식물 세포는 모두 세포막 바깥쪽에 단단한 세포벽을 가지고 있어요. 어떤 식물의 세포는 세포벽을 더 강하게 만드는 물질을 포함하는데, 바로 리그닌이에요. 많은 목본 식물의 몸체를 이루는 세포벽은 리그닌이 포함되어 있어서 아주 단단하지요.

초기 식물은 물이 많은 곳에서 살면서 물을 통해 정자와 난자가 만나서 생식을 했지만, 점점 물이 없는 환경에서도 살 수 있도록 바람이나 동물을 통해 수정하는 방식으로 진화했어요.

이렇게 땅 위에서 자라는 데 성공한 식물은 지구의 다양한 환경에 적응하면서 살게 되어 지금은 수십만 종에 이르게 되었어요. 지구상의 많은 종류의 생물들에 대하여 각 종류별로 서로 간의 계통 관계를 밝히고 각각에 이름을 붙이는 일을 분

류학이라고 해요. 식물은 어떻게 분류하는지 알아볼까요?

식물의 분류

우리가 슈퍼마켓에 가면 물건들이 종류에 따라 잘 나뉘어서 진열되어 있는 것을 볼 수 있을 거예요. 손님들이 원하는 물건을 찾기 쉽게 해 놓은 것이지요. 도서관에 진열되어 있는 책들도 마찬가지고요.

지구상의 식물도 수십만 종이기 때문에 연구를 위해서는 각 식물에 이름을 붙이고 종류에 따라서 분류하는 일이 중요해요.

기원전 3세기쯤에는 식물을 풀과 나무로 구분했어요. 나무는 다시 작은 나무인 관목과 큰 나무인 교목으로 구분했고, 잎의 특징에 따라 다시 구분했어요. 이러한 단순한 분류 방식은 18세기 후반에 스웨덴의 식물학자인 린네(Carl von Linne, 1707~1778)가 새로운 분류법을 개발할 때까지 상당히 오랜 기간 계속되었지요.

린네는 식물을 분류하는 데 좀 더 여러 가지 특징을 사용했어요. 그리고 현재도 사용하고 있는, 생물에 이름을 붙이는

방법인 이명법을 개발했지요. 사람도 성과 이름으로 구분하는 것처럼 식물도 속명과 종소명이라는 두 개의 이름을 사용하여 고유한 이름을 갖게 되었어요.

여러분이 상상하는 식물은 뿌리, 줄기, 잎, 꽃으로 이루어진 식물일 거예요. 그리고 식물은 씨앗에서부터 자란다고 알고 있지요. 그렇지만 씨앗을 만들지 않는 식물도 많이 있고, 줄기에 관다발이 없는 식물도 많아요.

현재까지 23만 종이 넘는 식물이 전 세계적으로 분포하는 것으로 알려져 있는데 크게는 관다발이 있는지, 씨앗을 만드는지, 그리고 꽃이 피는지의 여부로 구분을 하고 있어요. 그

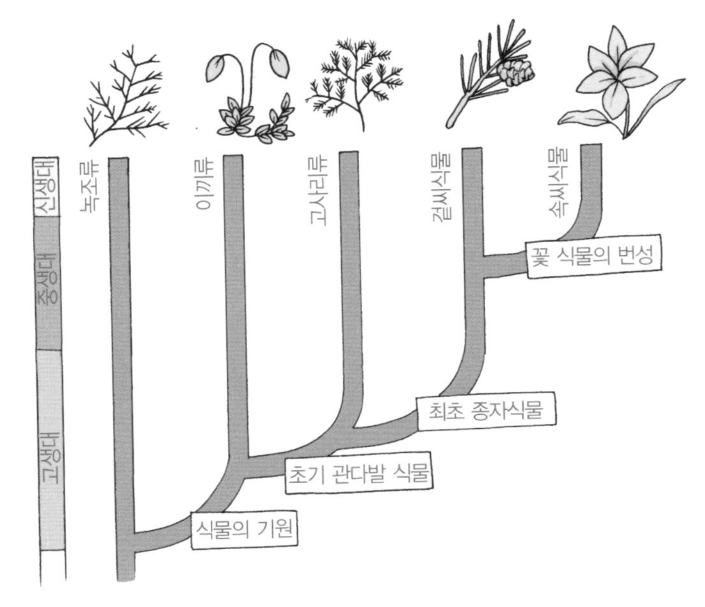

식물의 주요 분류군의 계통수

래서 이끼류, 고사리류, 겉씨식물, 속씨식물로 구분하고 있지요. 네 가지 식물 중에서 속씨식물은 꽃피는 식물의 90% 이상을 차지하고 있어요.

이끼류는 일반적으로 아주 얇고 작아요. 대부분은 줄기처럼 보이는 자루와 녹색의 잎 모양을 띠면서 생장을 하지요. 뿌리 대신에 실 모양의 가짜 뿌리를 갖고 있어요. 관다발이 없기 때문에 수분이 많은 장소에서 자라지요. 물과 무기 양분은 세포막과 세포벽을 통해서 직접 흡수되고 식물의 몸 전체로 퍼지지요.

이끼류는 씨앗을 만들지 않는 대신에 포자를 만들어 바람을 타고 멀리 이동하지요. 주변에서 흔히 볼 수 있는 이끼류로는 우산처럼 생긴 우산이끼와 솔잎처럼 생긴 솔이끼가 있어요. 어떤 종류의 이끼는 수분을 많이 흡수할 수 있고 가벼워서 식물이 자라는 화분을 채우는 데 사용된답니다.

이끼류와 고사리류는 모두 포자로 번식한다는 점에서 비슷하지만, 고사리는 관다발을 갖고 있다는 점에서 이끼류와 다르지요. 그래서 키가 1~2cm 정도 되는 이끼류와는 달리 아주 크게 자랄 수 있지요.

고사리류는 우리가 나물로 먹는 고사리 외에도 석송, 부처손, 쇠뜨기 등이 있어요. 3억 6천만 년에서 2억 8천6백만 년 사이의 지구가 따뜻하고 습했던 시기에 번성했지요. 이때는 고사리류가 25m까지도 자라서 공룡에게 좋은 먹이를 제공했었지요. 이때 식물들이 땅에 묻혀 현재 우리가 석탄 연료로 사용하고 있기도 해요.

여러분이 친숙한 대부분의 식물은 씨앗를 만드는 식물이에요. 씨앗으로 번식하는 식물의 대부분은 뿌리, 줄기, 잎과 관다발을 가지고 있어요. 씨앗에는 앞으로 식물이 될 배와 양분이 들어 있는데, 저장된 양분은 앞으로 식물로 발달할 배

의 초기 생장을 위한 에너지로 사용되지요. 씨앗을 만드는 식물은 일반적으로 겉씨식물과 속씨식물로 구분해요.

현재 살아 있는 가장 오래된 나무는 겉씨식물인 소나무로 4,900년 정도 되었다고 해요. 겉씨식물은 씨를 만들지만 열매가 보호하고 있지는 않아요. 겉씨식물이라는 말은 씨가 겉으로 드러나 있다는 의미예요.

겉씨식물은 씨방이 없고 대부분의 잎이 바늘처럼 생겨서 침엽수라고도 하지요. 또한 대부분은 일 년 내내 녹색의 잎이 가지에 남아 있어 상록수라고도 부르고요. 여러분이 잘 알고 있는 은행나무, 소나무, 잣나무, 소철 등이 대표적인 겉씨식물이에요. 소나무는 암솔방울과 수솔방울을 만드는데, 모두 하나의 나무에서 만들어져요. 씨앗은 암솔방울에서만 만들어져서 바람을 타고 옮겨 가지요.

앞에서 이야기했지만 지구상에 있는 모든 식물의 90% 이상이 속씨식물이에요. 그래서 다음 시간부터 이야기하는 식물은 별다른 얘기가 없으면 대부분 꽃피는 식물인 속씨식물로 생각하면 될 거예요.

모든 속씨식물은 암술, 수술, 꽃잎, 꽃받침으로 이루어진 꽃을 만들어요. 꽃의 일부는 나중에 열매로 발달하고 그 속에는 씨앗이 들어 있지요. 속씨식물은 다시 외떡잎식물과 쌍떡잎식물로 구분하기도 해요. 떡잎은 양분 저장을 위해 사용되는 씨앗의 일부인데 외떡잎식물은 한 개의 떡잎을, 쌍떡잎식물은 두 개의 떡잎을 갖고 있어요. 외떡잎식물에는 옥수수, 쌀, 밀, 보리 같은 중요한 곡식과 바나나, 파인애플 같은 과일, 그리고 백합과 난 같은 화훼류 등이 있어요. 그리고 쌍떡잎식물에는 땅콩, 완두콩, 강낭콩, 사과, 오렌지 같은 친숙한 열매를 만드는 식물과 단풍나무, 참나무 같은 나무가 있지요.

오늘 첫 시간인데 너무 많은 것을 배웠나요? 오늘은 식물이 다른 생물과 구별되는 특징은 무엇인지, 또 식물의 기원과 분류에 대해서 자세히 살펴보았어요. 다음 시간부터는 식물의 각 부분에 대해서 자세히 알아보겠습니다.

만화로 본문 읽기

TV 그만 보고 공부 좀 해!
아삭
네.
아삭

그만 하라고 말했어!
아삭
알았다고요!

엄마가 화난 것 같은데, TV는 끄고 식물에 대해서 공부하는 게 어떨겠어요?
괜찮아요! 전 지금 식물 놀이 중이라고요!

식물처럼 제자리에서 꼼짝도 안 하기!
식물이 어쩌고 어째!
식물이 광합성으로 필요한 양분을 스스로 합성하는 것처럼 과자를 통해 양분 마련하기!
식물의 특성이 맞긴 한데….

오냐, 그럼 풀이냐 나무냐? 풀이면 나물로 무쳐 주고, 나무라면 장작으로 써야겠다! 이리 못 와?!
화
르
륵
우엥
아… 알았어요! 식물 놀이는 그만 하고, 공부할게요.

그래도 우주가 식물의 특징에 대해서 잘 알고 있네요.
광합성 작용을 하는 식물이 없으면 생태계는 유지될 수 없지요.
이렇게 중요한 식물이 무엇으로 이루어져 있는지 지금부터 공부를 시작하지요.
저 열심히 할게요!

두 번째 수업 2

식물의 **세포**

세포란 무엇인지 알아봅시다.
식물의 세포는 동물의 세포와 어떻게 다른지 알아봅시다.

2

두 번째 수업

식물의 세포

교.
과.
연.
계.

중등 과학 1	4. 생물의 구성과 다양성
고등 생물 II	1. 세포의 특성

오늘따라 학자다운 기풍이
철철 넘치는 슐라이덴이
두 번째 수업을 시작했다.

모든 생물은 세포로 이루어져 있다

지난 수업에서 우리는 식물이 어떤 특징을 가지고 있으며, 어떤 종류가 있는지 살펴보았어요.

앞으로 우리는 식물에 대해서 더욱 다양한 이야기들을 하게 될 텐데, 그에 앞서 우리의 눈만으로는 관찰이 쉽지 않은 세포에 대한 이야기를 먼저 해 볼게요.

인간의 눈으로는 그냥 볼 수 없는 것들을 확대해서 볼 수 있는 도구가 발명된 후 그동안 몰랐던 다양한 현상들이 밝혀

지기 시작했지요. 천문학에서 망원경이 그러한 역할을 했다면 생물학에서는 현미경이 그 역할을 했어요.

1595년 네덜란드의 얀센 부자가 볼록렌즈 두 개를 조합해 최초로 현미경을 만들었는데, 실제로 작은 생물을 관찰할 수 있을 정도의 현미경은 1663년에 영국의 과학자 훅(Robert Hooke, 1635~1703)이 만들었어요. 훅이 나무의 껍질 부분을 이루고 있는 코르크를 관찰하다가 벌집과 같이 비슷한 모양이 반복되는 구조를 확인했어요. 훅은 이와 같은 구조를 작은 방이라는 의미의 '셀(cell)' 이라는 이름을 붙였지요.

실제로 훅이 관찰한 코르크는 살아 있는 것이 아닌 죽은 세포의 세포벽이었어요. 그러나 당시의 현미경으로는 살아 있는 것을 제대로 관찰하기 어려웠고 이와 같은 작은 방들이 생

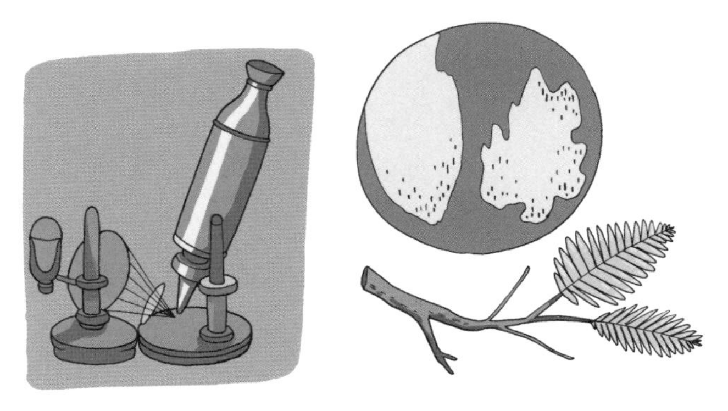

훅이 사용한 현미경과 이를 통해 관찰한 코르크 세포

물을 이루는 기본 단위일 것이라고는 생각하지 못했어요. 즉, 살아 있는 생물의 기본 단위인 세포를 '셀(cell)' 이라고 하는 개념은 훅이 코르크 세포를 관찰한 이후 150년이 지나고 나서 나타나게 되었지요.

훅이 코르크 세포를 관찰한 지 10년 정도의 시간이 흐른 후에 네덜란드에 사는 레벤후크(Antonie van Leeuwenhoek, 1632~1723)가 자신이 직접 만든 현미경을 가지고 최초로 살아 움직이는 세포를 관찰했어요. 그가 만든 현미경은 렌즈가 하나밖에 없는 아주 단순한 형태였지만, 당시까지 보지 못했던 아주 다양한 생물을 관찰할 수 있었어요.

시간이 흐르면서 기술이 발달하고 성능이 우수한 현미경이 개발되자 세포에 대한 연구도 더욱 활발해졌지요. 이후 많은 연구를 통해서 세포가 생명의 기본 단위라는 것이 확실하게 되었어요.

자, 이 시점에서 나에 대한 이야기를 좀 해야 할 듯합니다.

나는 독일에서 태어나 자랐는데, 대학에서 법률을 공부했어요. 그런데 정작 관심은 다른 곳에 있었어요. 나는 현미경으로 식물의 구조를 관찰하는 게 너무 재미있었어요. 그래서 결국 변호사를 그만두고 괴팅겐 대학에서 의학을 공부했고 이후 예나 대학의 교수가 되어 식물 연구에 몰두했지요. 나

는 식물 세포에서 핵에 많은 관심을 가지고 자세히 관찰하여 핵이 세포에서 아주 중요한 역할을 한다는 사실을 사람들에게 알렸어요.

드디어 1838년에 나는 《식물의 기원》을 발표하면서 식물의 각 부분은 세포로 이루어져 있으며, 세포가 생명체를 이루는 기본 단위라는 세포설을 주장했어요. 이전의 다른 사람들의 연구와 나의 연구 결과를 종합해서 이러한 결론을 내린 것이지요. 이 일을 계기로 세포에 대한 연구는 더욱 가속화되기 시작했어요.

그해에 나는 나와 절친한 해부학자이면서 세포학자인 슈반(Theodor Schwann, 1810~1882)과 함께 저녁 식사를 하게 되었어요. 저녁 식사를 마친 후, 커피를 마시면서 서로의 세포 연구에 관하여 이야기를 하던 중이었어요. 내가 슈반에게 식물 세포의 핵에 관하여 이야기하자, 슈반은 자신이 관찰하던 동물의 세포가 식물의 세포와 매우 비슷하다는 것을 깨닫고선 깜짝 놀랐어요. 우리는 곧장 슈반의 실험실로 향했지요. 슈반의 실험실에서 동물의 세포를 관찰하면서 우리는 세포설이 모든 생물에 해당한다는 것을 알게 되었어요. 다음 해에 슈반은 식물뿐만 아니라 동물도 세포로 이루어져 있으며 세포설은 모든 생물에 해당한다고 주장하는 책을 출판하게 되었지요.

이렇게 나와 슈반은 살아 있는 모든 생물은 세포로 이루어져 있다는 세포설을 주장했어요. 당시에 우리가 주장했던 세포설의 주요 핵심은 어떤 생물이든 모두 세포라는 기본 단위로 이루어져 있으며, 세포는 생물의 구조와 기능의 기본 단위라는 것이었지요. 이 세포설은 생명 현상의 비밀을 밝힐 수 있는 기본 원리를 제공했어요.

현대 생물학에서 가장 중요한 이론으로 손꼽히는 1859년 다윈의 진화론이나 1865년 멘델의 유전 법칙보다도 세포설은 시대적으로 앞선 이론이에요. 이후 많은 과학자들에 의해 전자 현미경과 같은 첨단 과학 기술을 이용한 분자 생물학 연구를 통해 세포설은 더욱 발전하여 오늘날 아주 뛰어난 생물학 이론 가운데 하나로 평가되고 있지요.

나는 세포설을 발표한 이후에도 세포를 구성하는 다양한 부분에 대해 연구를 계속했답니다. 세포설의 기초가 된 세포벽, 세포의 핵과 핵의 내부에 있는 인 등 세포의 구조뿐만 아니라 세포질의 흐름과 같은 세포의 기능에 대해서도 연구를 했지요.

그리고 대부분의 식물의 뿌리에 사는 곰팡이도 관찰했어요. 지금은 이런 식물과 곰팡이의 관계를 균근이라고 부르고, 대부분의 식물에서 서로 공생(종류가 다른 생물이 서로에게 이익을 주면서 같은 곳에 함께 사는 일)하고 있는 것으로 알려져 있지요.

그때까지만 해도 모든 생물이 세포로 이루어졌다는 것만 밝혀졌고, 세포가 어디에서 왔는지는 설명하지 못했어요. 지금은 모두가 사실이 아니라는 것을 알지만, 당시에 슈반은 세포가 자연적으로 만들어진다고 생각했었거든요. 시간이 흘러 1855년에 독일의 피르호라는 학자는 모든 세포는 이전에 존재하던 세포가 나누어져서 만들어진다고 주장했지요. 이렇게 여러 과학자들에 의해 현대적인 개념의 세포설이 완성된 것이랍니다.

세포설이 등장하면서 이에 반대하는 사람들도 생겨났지요. 드바리(Heinrich de Bary, 1831~1888)는 1859년에 세포가 식물을 만드는 것이 아니라 식물이 세포를 만든다고 주장했어요. 그러니까 식물은 하나의 커다란 원형질로 이루어져 있고, 그 원형질 내에서 기능이 다른 부분이 분화해서 세포 구조를 이룬다는 것이었지요. 마찬가지로 1861년에 슐체(Max Schultze, 1825~1874)도 원형질설을 주장했어요.

세포설은 여러 개의 세포가 모여서 하나의 식물체가 된다는 이론인 데 반해, 원형질설은 한 식물체는 여러 개의 칸막이로 이루어진 하나의 원형질이라는 것으로 서로 대립되는 개념이었지요.

그렇지만 세포에 대한 연구는 이후 현미경이 더욱 발달하고 진보하면서 큰 발전을 하게 되었어요. 그 결과 최근에는 전자 현미경과 더불어 원자 현미경까지 만들어져 세포의 아주 미세한 부분도 관찰이 가능하게 되었답니다. 이런 세포에 관련된 여러 가지 발견은 이후 여러 과학자들에 의해 증명되었고, 결국 세포설이 생물학의 기초 개념으로 자리잡은 것이지요.

과학자의 비밀노트

원형질설 VS 세포설

원형질설은 모든 생물체는 하나의 커다란 원형질로 이루어져 있으며 기능이 다른 부분이 분화해서 세포를 이룬다는 이론으로, 하나의 원형질이 여러 개의 칸막이로 나누어져 있다고 주장한다. 반면에 세포설은 모든 생물체는 하나의 세포에서 시작해서 많은 세포로 이루어져 있다는 이론으로, 생물체의 기본 단위는 세포이며 여러 개의 다른 기능을 가진 세포들로 이루어져 있다는 이론이다.

현미경의 발달

훅, 퍼코, 그리고 여러 과학자들 이후의 현대 생물학자는 아직도 세포를 연구하기 위해서 현미경을 사용하고 있어요. 그렇지만 오늘날의 과학자들은 초기의 생물학자들과 비교도 되지 않을 만큼 훨씬 발전된 현미경과 기술을 사용하고 있지요. 형광 염색을 한 후에 광학 현미경으로 관찰하면 세포 안에서 이동하는 분자를 추적할 수도 있어요. 그리고 공초점 광학 현미경은 레이저를 이용해서 세포를 관찰함으로써 세포와 세포 구성 성분의 3차원 상을 얻을 수 있지요. 높은 해상도를 가진 비디오 기술을 이용하면 세포가 자라고, 분열하고, 발달하는 동영상을 쉽게 촬영할 수 있어요.

이런 새로운 기술을 통해 살아 있는 세포의 구조와 움직임을 아주 자세히 관찰할 수 있게 되었지만, 빛을 이용하는 광학 현미경의 해상도는 한계가 있어서 세포 안에서 단백질과 같은 비교적 큰 분자도 관찰하기가 어렵지요.

그래서 과학자들은 빛보다 파장이 짧은 전자를 이용한 현미경을 개발하게 되었어요. 전자 현미경은 세포 내의 모든 구조뿐만 아니라 커다란 단백질 분자도 관찰할 수 있게 해 주었어요. 그렇지만 전자 현미경으로 관찰하기 위해서는 진공 상태에서 관찰해야 하기 때문에 세포에서 수분을 제거하는 등 여러 가지 처리를 해야 해요. 그래서 전자 현미경으로는 살아 있는 상태에서 세포를 관찰할 수가 없어요.

최근에 개발된 주사 탐침 현미경을 통해서 이런 문제점들이 해결됐고 원자 수준에서 세포를 관찰할 수 있게 되었어요. 세포에 들어 있는 DNA(deoxyribonucleic acid, 세포의 핵 속에 들어 있는 유전 물질로 이중 나선 구조를 가짐)까지 자세히 관찰할 수 있게 되었으니까요.

다양한 세포

모든 생물의 기본 단위인 세포는 모양과 크기가 아주 다양해요. 보통 세포는 5~50μm 정도이지만, 아주 작은 세포는 0.2μm 정도 되는 것도 있어요. 어떤 아메바의 세포는 이보다 5천 배가 더 큰 1mm 정도가 되는데, 그냥 맨눈으로 봐도 세포를 볼 수가 있을 정도예요.

이렇게 세포의 모양과 크기는 다양하지만 모든 세포가 가지고 있는 두 가지 공통점이 있어요. 하나는 세포막으로 둘러싸여 있다는 점과 다른 하나는 유전 정보를 담고 있는 DNA라는 분자를 포함하고 있다는 점이에요.

그리고 모든 세포는 두 가지로 구분이 되는데, 유전 정보인 DNA를 막으로 싼 구조인 핵이 있는가에 따라서 진핵 세포와 원핵 세포로 구분할 수 있어요. 그러니까 진핵 세포는 유전 정보가 들어 있는 핵이 있는 반면, 원핵 세포는 핵이 없기 때문에 유전 정보인 DNA가 막으로 싸여 있지 않겠지요.

우리가 세균이라고 부르는 생물은 모두 원핵 세포이고, 모두 하나의 세포로만 이루어져 있어요. 원핵 세포는 진핵 세포에 비해 훨씬 단순하지만 진핵 세포와 마찬가지로 자라고 생식을 통해 종족을 유지하며 환경에 반응하는 생명체랍니다. 그에 비해 진핵 세포는 일반적으로 원핵 세포보다 크고 복잡해요.

어떤 생물은 세포 하나로만 이루어져 있는 경우도 있는 반면, 크기와 모양이 다양한 여러 개의 세포로 구성된 다세포 생물도 있어요. 우리 주변에는 하나의 세포로 이루어진 원핵 생물에서부터 약 60조 개의 세포로 이루어진 사람처럼 복잡한 생물도 존재하지요. 이처럼 복잡한 진핵생물에는 식물, 동물, 곰팡이 등이 있어요.

진핵 세포의 특징

나와 슈반이 주장했듯이 다른 생물들과 마찬가지로 식물들도 세포로 이루어져 있답니다. 그렇다면 이쯤에서 내가 흥미롭게 관찰했던 식물의 세포를 좀 더 자세히 살펴볼까요? 세포의 속은 과연 어떻게 생겼을까요?

다음 페이지의 그림은 식물과 동물의 세포를 크게 확대해서 그린 거예요. 보는 것처럼 식물 세포는 동물 세포와 조금 다르게 생겼지요?

앞에서도 말했던 것처럼 모든 진핵 세포는 막으로 둘러싸

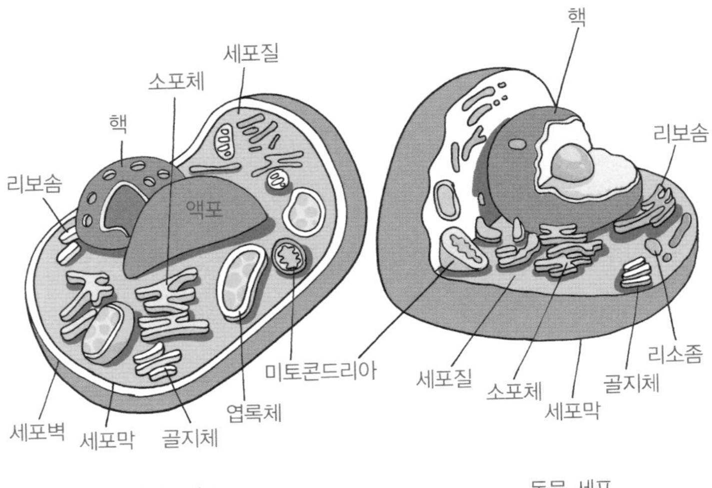

인 핵과 다양한 세포 소기관으로 구성되어 있어요. 모든 세포 소기관은 세포질이라는 부분에 존재하지요. 식물 세포도 다른 진핵 세포와 마찬가지로 세포막, 핵, 그리고 여러 세포 소기관을 가지고 있어요. 공통적으로 존재하는 세포 소기관으로는 리보솜, 소포체, 골지체, 리소좀, 미토콘드리아 등이 있어요.

그런데 식물 세포는 동물 세포에 없는 세포벽을 가지고 있지요. 식물의 세포벽은 대부분 섬유소로 이루어져 있어요. 섬유소는 녹말과 같은 다당류이지만 복잡한 결합 구조 덕분에 질기고 단단해서 식물의 세포를 단단하게 보호하고 있지요. 사람을 포함한 동물들은 식물을 먹으면 이 세포벽은 분해하지 못해 소화가 되지 않아요. 그래서 사람들은 식물의 섬유소가 많이 포함된 음식을 다이어트 식품이라고 부르지요. 배는 부르지만 소화가 되지 않아 살이 찌지 않기 때문이에요. 그렇지만 소와 같은 동물들은 위에 섬유소를 분해하는 세균을 많이 키워 식물의 섬유소도 잘 분해해서 흡수할 수 있지요.

식물 세포의 또 다른 특징으로는 대부분 녹색을 띠는데, 이것은 엽록소라는 녹색의 색소가 식물 세포의 엽록체라는 세포 소기관에 들어 있기 때문이에요. 식물은 광합성이라는 과정을 통해서 양분을 만드는데 바로 이 엽록체에서 이루어지지요.

대부분의 식물 세포는 세포 내부 공간의 대부분을 차지하고 있는 액포라고 하는 커다란 막 결합 구조를 가지고 있어요. 이 구조는 세포의 수분 함량을 조절하는 데 중요한 역할을 하지요. 많은 물질들이 액포에 저장되어 있는데 꽃을 빨간색, 파란색, 보라색으로 만드는 색소를 포함하기도 해요.

지금까지 우리는 세포의 세계를 알아보았어요. 그런데 이런 세포들이 어떻게 하나의 식물이 되는 것일까요? 하나의 세포로 이루어진 단세포 생물과 달리 여러 종류의 세포가 모

여서 하나의 생명체가 되는 다세포 생물인 식물은 아주 복잡하지요.

식물은 꽃, 줄기, 잎, 뿌리라는 네 가지 기관으로 이루어져 있어요. 비슷한 종류의 세포들이 모여서 하나의 조직을 만들고, 여러 종류의 조직이 모여서 하나의 기관을 만들지요. 예를 들어 잎을 살펴보면 제일 바깥쪽에는 표피 세포와 공변세포로 이루어져 있고 안쪽에는 관속 세포로 이루어진 잎맥, 세포들이 빽빽하게 배열된 책상 조직, 세포들이 느슨하게 배열된 해면 조직으로 이루어져 있어요.

다음 시간부터 식물의 네 가지 기관의 생김새와 하는 일에 대해서 알아보도록 해요.

만화로 본문 읽기

어제보다
더 많이 피었네!
역시 장미는
정말 예뻐!
여러분은
어떤 색의 장미를 제일
좋아하나요?
색깔도 참 곱고
다양하다.
전 이
핑크요!
전
정열의 빨강이
좋아요!
각자 좋아하는 색깔이 다르군요.
그런데 꽃이 피기 전에 꽃의 색깔
이 정해진다는 걸 알고 있나요?

정말요?!
식물을 아주 작게
나누다 보면 결국 세포에
도달해요. 그 세포 안에
꽃 색깔의 비밀이 숨어
있답니다.
액포
바로 이 '액포'에 꽃의 색을 정하는
색소가 들어 있답니다.

아~
액포에서 꽃의
색깔이 정해지
는군요!
그렇지요. 액포는 보통 동물 세포에는 들
어 있지 않고, 식물 세포에 들어 있는 세
포 소기관이에요. 또 식물이 광합성을 통
해 스스로 양분을 합성할 수 있는 것도
식물 세포에만 있는 엽록체 덕분이랍니다.
모든 건 세포에서
비롯되는군요!

그래요. 나도 그러한 생각을 갖고
식물의 각 부분은 세포로 이루어져
있으며, 세포는 생명체를 이루는
기본 단위라는 세포설을 주장했어요.
자, 그럼 현미경으로 식물 세포를
좀 더 자세히 관찰해 볼까요?
좋아요!

세 번째 수업 3

식물의 구조와 기능

식물의 뿌리, 줄기, 잎이 각각 하는 일은 무엇인지 알아봅시다.

3

세 번째 수업

식물의 구조와 기능

교. 과. 연. 계.

초등 과학 5-1 7. 식물의 잎이 하는 일
중등 과학 2 4. 식물의 구조와 기능

슐라이덴이 흙이 묻은 식물의 뿌리를 들고 와서 세 번째 수업을 시작했다.

우리가 알고 있는 식물의 대부분은 씨앗을 만드는 종자식물(씨로 번식하는 고등 식물로 겉씨식물과 속씨식물로 나뉨)이에요. 종자식물의 전체 모양을 한번 살펴봅시다.

다음 페이지의 그림과 같이 뿌리와 줄기 그리고 잎으로 나눌 수 있어요. 그리고 안쪽으로는 뿌리에서부터 줄기를 거쳐 잎까지 연결되는 관속 조직이 있어요.

종자식물의 각 부분에 대해서 자세히 알아볼까요?

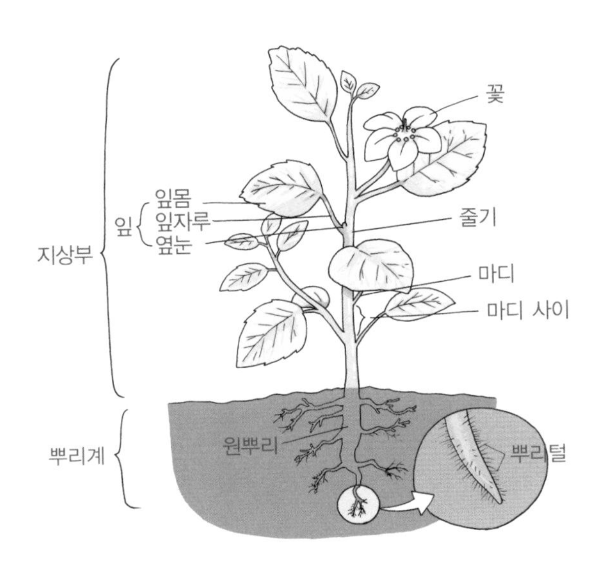

뿌리

여러분은 혹시 집에서 화분 갈이를 하거나 길가의 가로수를 옮겨 심을 때 꽃이나 나무의 뿌리가 다치지 않도록 매우 조심해서 다루면서 흙과 함께 옮기는 것을 본 적이 있나요? 이렇게 뿌리를 조심해서 다루는 이유는 뿌리가 식물이 자라는 데 아주 중요한 일을 하기 때문이지요. 과연 어떤 일들을 하는지 지금부터 자세히 알아봅시다.

뿌리의 구조와 기능

우선, 식물의 뿌리는 흙속에 있는 물과 물에 녹아 있는 다양한 물질들 그리고 산소를 흡수하지요. 이 물질들은 식물이 살아가는 데 꼭 필요한 성분으로 무기 양분이라고 한답니다. 이렇게 뿌리를 통해 흡수된 물질들은 줄기를 통해서 잎으로 이동해요.

뿌리는 흡수만 하는 것이 아니라 흡수된 양분을 저장도 한답니다. 해마다 계속 자라는 식물은 다음 해 봄에 새로운 성장을 시작할 때 뿌리에 저장된 양분을 사용하지요. 건조한 지역에서 자라는 식물은 뿌리에 물을 저장하기도 하고요.

여러분은 길가에 피어 있는 노란색의 작고 여려 보이는 민들레를 혹시라도 손으로 잡고 뽑아 본 적이 있나요? 아마도 쉽게 민들레를 잡아 뽑을 수 있을 것이라고 생각했을 텐데 그리 쉽지 않답니다. 왜 그럴까요? 바로 뿌리가 민들레가 쓰러지지 않도록 꽉 잡아 주는 일을 하기 때문이지요.

'뿌리 깊은 나무는 바람에 흔들리지 않는다' 는 속담을 여러분은 잘 알고 있을 거예요. 땅속에 뻗어 있는 뿌리가 땅 위에 있는 줄기와 가지, 잎 등 식물의 다른 부분을 튼튼하게 지지해 주는 거랍니다.

이렇게 식물이 살아가는 데 필요한 여러 물질들을 흡수하

고 저장하고 또 식물을 튼튼하게 지지하기 위해서 뿌리는 충분히 커야 한답니다. 또한 뿌리는 이런 역할에 알맞은 모양을 갖추고 있어요. 뿌리의 생김새를 자세히 살펴볼까요?

뿌리는 대부분 솜털 모양의 뿌리털을 갖고 있어요. 뿌리의 주요 역할 중 하나는 흙속의 물과 무기 양분의 흡수예요. 뿌리에서 무기 양분을 효율적으로 흡수하기 위해서 뿌리의 표피 세포는 뿌리털과 같이 가는 털처럼 변형되었지요. 이는 표면적을 넓히기 위해서예요. 이 뿌리털이 바로 땅속의 다양한 물질들을 흡수하는데, 뿌리털이 많으면 뿌리의 표면적이 넓어져서 식물이 땅속의 물과 무기 양분을 빠르게 많이 흡수할 수 있답니다.

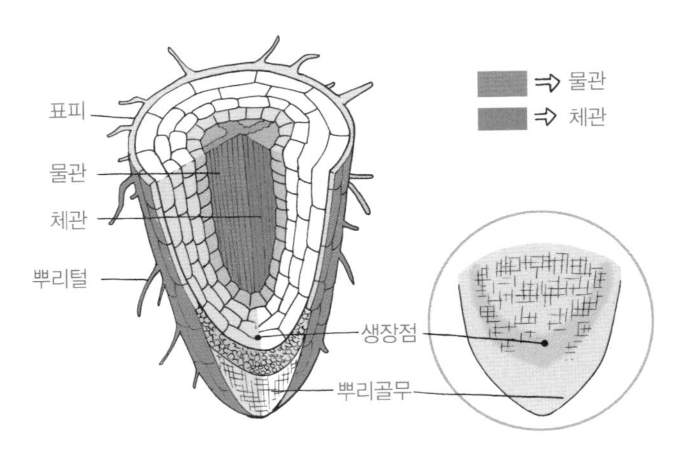

뿌리의 세부 구조

뿌리의 끝 부분을 자세히 관찰해 보면 바느질할 때 손가락이 바늘에 찔리는 것을 막기 위해 사용하는 골무처럼 생긴 부분이 있어요. 뿌리골무라고 부르는데 바로 이 뿌리골무가 뿌리의 끝 부분을 감싸고 있고, 그 안쪽에는 뿌리의 생장점이 있답니다. 뿌리의 생장점에서 새로운 세포들이 만들어져서 뿌리가 길게 자랄 수 있고, 뿌리골무는 생장점이 다치지 않도록 보호해 주는 역할을 하지요.

뿌리는 전반적인 생김새에 따라 수염뿌리와 곧은뿌리로 구분할 수 있어요. 수염뿌리는 파의 뿌리와 같이 가는 뿌리들이 수염처럼 달려 있는 모습이고, 곧은뿌리는 인삼의 뿌리와 같이 가운데에 굵은 뿌리가 있고 그 주위에 가는 뿌리가 달려 있는 모습을 말해요.

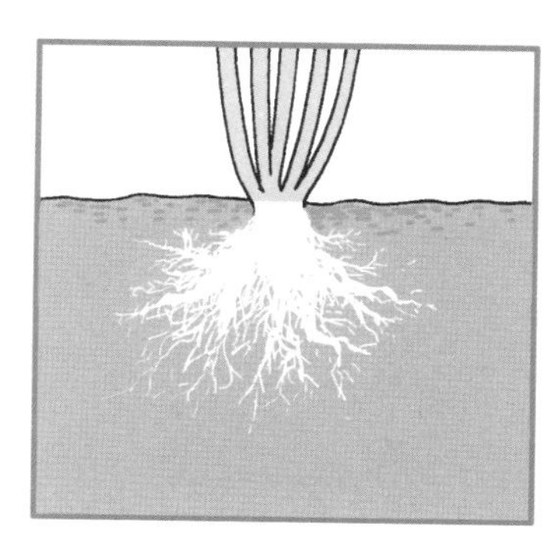

보리의 수염뿌리

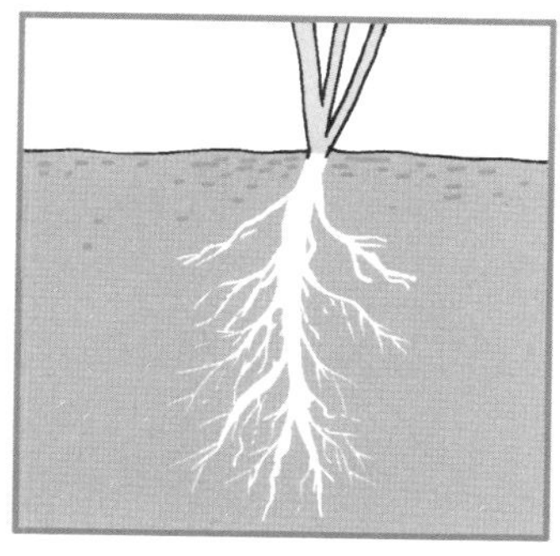

민들레의 곧은뿌리

다양한 모양의 식물 뿌리

뿌리는 식물의 종류와 사는 환경에 따라 생김새나 크기가 많이 달라요. 고구마나 당근은 양분을 더 많이 저장하기 위해 커다란 뿌리를 갖고 있지요. 옥수수의 경우, 땅속에 들어 있는 뿌리 말고도 땅위의 줄기에서 여러 개의 뿌리가 뻗어 있는 것을 볼 수 있어요. 식물이 쓰러지지 않게 받쳐 주는 지지뿌리이지요.

흙속에 물과 무기 양분이 풍부한 곳에서 사는 뿌리는 물과 무기 양분이 부족한 곳에서 사는 뿌리에 비해 작아요. 물속에 사는 식물과 같이 산소가 부족한 곳에 사는 식물은 뿌리의 일부가 밖으로 나와 산소를 흡수하는데 이런 뿌리를 호흡뿌리라고 해요.

식물의 뿌리에 공생하는 미생물들

대부분의 식물들은 곰팡이와 함께 살고 있어요. 곰팡이는 스스로 양분을 만들지 못하는 생물이기 때문에 식물로부터 양분을 받아 살아가지요. 그러면서 뿌리에 붙어 흙의 작은 알갱이 사이로 자라면서 식물이 물과 무기 양분을 흡수하는 것을 도와주지요. 이렇게 생물들 사이에 서로 돕고 사는 것을 상리 공생이라고 부른답니다.

식물의 뿌리에 공생하는 또 다른 생물이 있어요. 바로 질소 고정 세균이에요. 식물이 살아가기 위해서는 질소가 반드시 필요한데, 공기의 약 80%를 차지하고 있는 질소를 식물은 직접 사용할 수가 없어요. 그렇지만 세균 중에는 공기 중 질소를 사용할 수 있는 세균이 있는데, 이런 세균을 질소 고정 세균이라고 해요. 일부 질소 고정 세균은 식물의 뿌리에 살면서 공생 관계를 맺고 있지요. 강낭콩 같은 콩과 식물의 뿌리를 보면 동글동글한 뿌리혹을 관찰할 수 있어요. 이 뿌리혹에서 질소 고정 세균이 살면서 공기 중 질소를 고정해서 식물에게 제공하고, 세균은 식물의 광합성 산물을 얻으면서 살아가고 있어요.

뿌리에서 흡수한 물과 무기 양분은 줄기를 통해 이동해요. 다음은 줄기에 대해서 알아봅시다.

줄기

우리는 흔히 땅속에 뿌리를 두고 하늘을 향해 곧게 뻗어 있는 땅 위의 줄기만을 식물의 줄기로 생각하지요. 하지만 식물의 줄기는 크기, 모양, 그리고 생기는 방법이 아주 다양하

답니다.

어떤 줄기는 완전히 흙 속에서 자라는 것도 있고, 어떤 줄기는 땅 위로 아주 높게 자라는 것도 있지요. 가시가 달린 선인장이나 먹음직스런 감자도 모두 식물의 줄기란 것을 알고 있나요? 지금부터 식물의 줄기는 어떤 일을 하고, 어떻게 생겼는지 알아볼까요?

줄기의 기능

식물의 줄기는 두 가지의 중요한 일을 해요. 일반적으로 땅 위에 있으면서 가지, 잎, 꽃, 열매 등 식물의 다른 부분을 지지하는 일을 하고 있어요. 식물은 움직일 수 없기 때문에 줄기와 가지가 자라서 잎이 햇빛을 잘 받을 수 있게 해 주지요. 그리고 줄기 속에는 여러 개의 관이 다발로 되어 있어서 뿌리에서 흡수한 물과 무기 양분 그리고 잎에서 만든 양분이 이동할 수 있게 해 주지요. 이처럼 줄기는 지지와 이동을 주로 담당하지요.

그러나 선인장이나 아스파라거스의 줄기와 같이 특정 식물의 줄기는 이외에도 물이나 양분을 저장하는 역할도 담당해요.

줄기의 구조

식물의 줄기를 가로 방향으로 잘라 보면 서로 다른 일을 하는 물관과 체관이 여러 개 모여 있는 관다발이 있어요. 관다발은 뿌리에서부터 잎까지 길게 연결되어 있지요. 그래서 뿌리에서 흡수한 물과 무기 양분은 물관을 통해서 식물의 가지, 잎 등 전체로 운반되고, 반대로 잎에서 만들어진 양분은 체관을 통해서 식물 전체로 이동된답니다.

관다발은 다음 그림처럼 식물의 종류에 따라 줄기 여기저기에 흩어져 있는 경우도 있고 고리 모양으로 배열되어 있는 경우도 있어요.

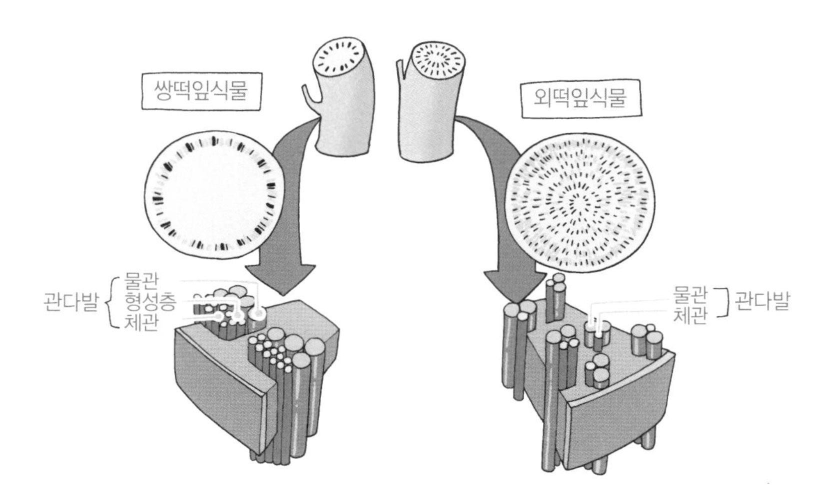

과학자의 비밀노트

관다발

식물에 필요한 물과 무기 양분의 이동 통로로, 뿌리에서부터 줄기, 그리고 잎까지 연결되어 있다.

- 물관 : 뿌리에서 흡수한 물과 무기 양분이 이동하는 통로이다.
- 형성층 : 물관부와 체관부 사이에 있는 살아 있는 세포층으로 부피 생장이 일어나는 곳이다.
- 체관 : 광합성에 의해 만들어진 포도당 같은 양분이 이동하는 통로이다.

목본 식물의 줄기와 나이테

우리가 흔히 말하는 풀은 초본 식물로 보통 줄기 부분이 부드럽고 녹색을 띠지요. 반면에 나무는 목본 식물로 단단한 줄기를 가져요.

초본 식물이나 목본 식물의 줄기는 생김새는 다르지만 모두 안쪽에 관다발을 갖고 있어요. 초본 식물의 줄기는 보통 1~2년 안에 죽고 굵게 자라지 않지만, 목본 식물은 보통 오래 살면서 줄기가 굵어지지요. 대나무는 지상부가 몇 년 이상 생존하고 나무처럼 보이지만, 사실은 나무와 달리 더 이상 굵어지지 않는 풀이에요.

그런데 어떻게 목본 식물은 줄기가 굵어지는 것일까요? 다음 그림을 보면서 목본 식물의 줄기를 한번 살펴볼까요?

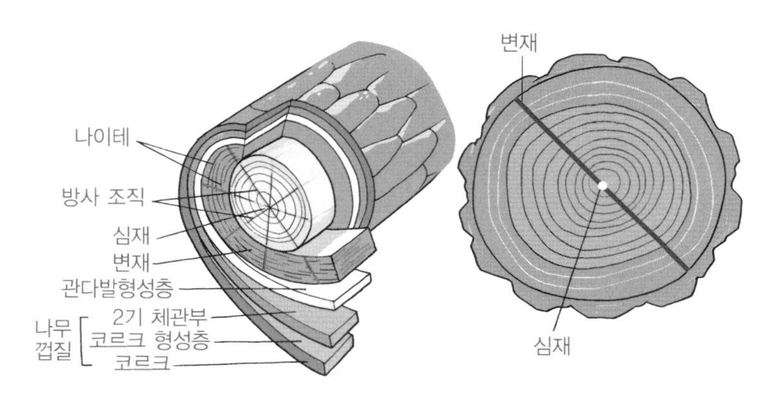

목본 식물의 횡단면 구조

목본 식물은 여러 층의 조직으로 이루어져 있는데 가장 바깥쪽을 나무껍질이라고 하지요. 나무껍질은 또 두 개의 층으로 이루어져 있는데 바깥쪽은 코르크라고 부르는 보호 껍질층이고 그 안쪽은 잎에서 만들어진 양분이 이동하는 체관이에요. 그리고 그 안쪽에는 관다발형성층이 있어 계속해서 관다발 조직을 만들어 내기 때문에 목본 식물의 줄기는 아주 굵게 자랄 수 있어요.

나무껍질의 안쪽은 목부라고 부르고, 목부의 바깥쪽은 변재라고 해요. 계속하여 새로 만들어지는 변재는 물관으로서 뿌리에서 흡수한 물과 무기 양분이 이동하지요. 반면, 목부

의 안쪽에는 오래되어 기능을 하지 않는 심재라고 하는 물관이 있는데 나무 줄기의 대부분을 차지하지요. 우리가 가구나 종이 등을 만드는 데 사용하는 목재의 대부분은 나무 줄기의 심재 부분을 사용하는 거예요.

나무를 가로로 자르면 짙은 색의 동심원이나 타원 모양을 볼 수 있는데, 이것은 매년 하나씩 새롭게 생기기 때문에 나이테라고 부르지요. 나이테는 물관으로 이루어져 있어요. 봄에 만들어지는 물관 세포는 빠르게 자라기 때문에 크고 얇아요. 그래서 넓고 밝은 갈색의 고리를 만들지요. 여름에 만들어지는 물관 세포는 느리게 자라기 때문에 작고 두꺼운 벽을 갖고 있어요. 그래서 밝은 고리와 어두운 고리 한 쌍이 매년 만들어지는데, 이 고리들을 세면 나무의 나이를 짐작할 수 있는 거예요.

나이테의 너비는 나무가 살아오는 동안의 날씨와 같은 많은 정보를 알려 주지요. 예를 들면, 비가 많이 온 해에는 물관이 많이 만들어지기 때문에 나이테의 너비가 넓고, 비가 적게 와서 가뭄이 든 해에는 나이테의 너비가 좁게 되는 거예요. 그래서 수백 년 된 나무의 나이테를 보고 나무가 사는 동네의 옛날 기후를 추측할 수도 있답니다.

다양한 모양의 줄기

줄기 하면 흔히 하늘을 향해 곧게 뻗은 줄기만을 생각하지만 그렇게 생기지 않은 줄기도 있답니다. 예를 들면, 딸기의 줄기는 위로 자라는 것이 아니라 옆으로 땅을 기어가면서 자라지요. 그래서 기는줄기라고 불러요. 줄기의 마디에서 작은 식물들을 만들어내지요.

우리가 먹는 생강은 바로 생강이라는 식물의 줄기 부분이에요. 흙 바로 밑에서 옆으로 자라는 땅속줄기 식물이지요. 그리고 앞에서도 말했지만 우리가 먹는 감자도 마찬가지로 줄기예요. 보통 이렇게 생긴 줄기를 덩이줄기라고 불러요.

양파의 경우, 우리가 먹는 부분은 주로 잎이에요. 보이지 않지만 아래쪽의 짧은 줄기에 잎이 달린 모양이지요. 바로 뿌리가 나 있는 그 윗부분이지요. 이런 줄기를 비늘줄기라고 불러요.

잎의 구조

잎이 하는 가장 중요한 일은 빛을 받아 양분을 만드는 일이에요. 이 과정을 광합성이라고 하는데, 잎의 어느 부분에서

이런 일들이 일어나는지 좀 더 자세히 살펴봅시다.

식물의 잎은 일반적으로 여러 개 층으로 이루어진 세포로 구성되어 있어요. 잎의 위층과 아래층에는 표피라고 불리는 세포의 얇은 층이 있는데 잎을 덮어 보호하는 역할을 합니다. 사람의 피부와 비슷한 일을 한다고 생각하면 돼요. 그러나 표피는 거의 투명하기 때문에 양분을 만드는 데 사용되는 햇빛이 잎 안쪽의 세포에 도달하는 데는 전혀 지장이 없지요. 그리고 대부분의 식물의 잎의 표피는 식물이 지니고 있는 수분이 빠져나가는 것을 막아 주는 큐티클이라는 물질로 덮여 있어요.

잎의 표피 안쪽에는 두 층의 세포가 있어요. 상부 표피 바

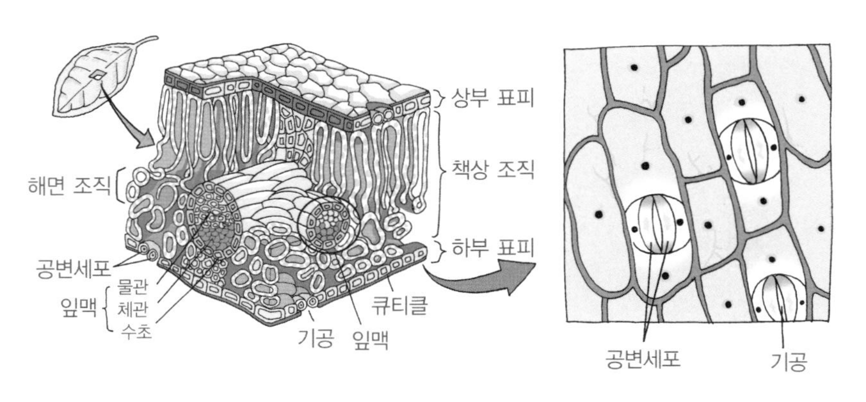

잎의 단면

로 아래에는 기다란 세포들이 아주 촘촘하게 배열되어 있는데 이 세포층을 책상 조직이라고 불러요. 이 세포들은 많은 엽록체를 갖고 있어 식물이 만드는 대부분의 양분은 이 책상 조직 세포에서 만들어져요. 그리고 책상 조직과 하부 표피 사이에는 해면 조직이 있어요. 세포가 느슨하게 배열되어 있고 광합성에 필요한 이산화탄소와 수증기가 해면 조직의 공간을 채우고 있어요. 또한 해면 조직에는 관다발이 지나가지요.

다양한 모양의 잎

대부분의 식물은 잎에서 광합성을 통해 양분을 만들어요. 따라서 광합성이 잘 일어나게 하기 위해서는 가능한 한 햇빛을 충분히 받아야 하므로 식물의 잎은 넓고 편평한 모양을 하고 있어요. 그렇지만 어떤 식물들은 살아가면서 잎의 모양이 독특하게 변했지요. 대표적인 예가 사막에 사는 선인장과 벌레잡이 식물이에요.

식물의 잎에는 기공이 있어서 많은 수분을 잃어버려요. 그래서 아주 덥고 건조한 사막에서 살아가는 선인장은 잎이 가시 모양으로 변해 수분이 기공을 통해 빠져나가는 것을 최대한 줄여서 잘 적응했지요. 그러면서 잎의 가장 중요한 기능

인 광합성을 하지 않고 초식 동물로부터 줄기를 보호하는 역할을 해요. 왜냐하면 선인장의 경우에는 잎이 아닌 줄기가 광합성을 하고 수분을 저장하는 일도 하기 때문에 아주 중요한 부분이거든요.

또 다른 예는 벌레잡이 식물의 잎이에요. 잎의 일부가 주머니 모양이나 주걱 모양으로 변해서 곤충을 잡는 구조로 변했지요. 왜냐하면 대부분의 벌레잡이 식물들은 양분이 부족한 토양에서 살거든요. 식물은 뿌리에서 물과 함께 무기 양분을 흡수한다고 했는데 벌레잡이 식물이 사는 땅속에는 흡수할 무기 양분이 부족하답니다. 그래서 땅속의 무기 양분이 아닌 벌레를 분해해서 부족한 무기 양분을 보충하는 것이지요.

이뿐만 아니라 우리 주변에서 흔히 볼 수 있는 소나무의 잎도 넓고 평평한 모양이 아니에요. 바늘처럼 뾰족하고 기다란 모양을 하고 있는데 이런 모양이 건조한 환경뿐만 아니라 추위에도 잘 견딜 수 있기 때문이지요.

자, 오늘은 식물의 뿌리 · 줄기 · 잎의 영양 기관에 대하여 알아봤어요. 특히 식물이 스스로 양분을 만들어 내는 일은 현재의 생태계를 유지하는 데 중요한 의의를 가진다고 할 수 있어요. 그래서 다음 시간에는 식물이 스스로 양분을 만들어 내는 과정인 광합성에 대하여 더 자세하게 살펴볼 거예요.

만화로 본문 읽기

잡초가 왜 이렇게 많은 거야!
웬일은요~ 용돈 때문이죠!
웬일인가요? 우주 군이 집안일을 다 돕고?

우아, 이렇게 뿌리가 깊으니까 잘 안 뽑혔지!
뿌리는 식물의 다른 부분을 지지하는 중요한 부분이니까요.

또 뿌리는 여러 가지 물질을 흡수, 저장해 식물이 살 수 있게 해 주죠. 그렇게 흡수한 영양분과 물은 줄기를 통해 잎까지 전달돼요.
줄기의 관다발이 물과 양분의 이동 통로 역할을 하는 것이죠?
음식을 먹으면 온몸에 영양소가 전달되는 것과 같은 이치네요?

그렇지요. 줄기에는 물관과 체관이 모여 있는 관다발이 있어요. 관다발은 뿌리에서부터 잎까지 길게 연결되어 있지요.
외떡잎 식물
물관
체관
관다발
물관
체관
쌍떡잎 식물
체관
형성층
관다발
물관
물관
체관
그래서 뿌리에서 흡수한 물과 무기 양분은 물관을 통해서 운반되고, 양분은 체관을 통해서 식물 전체로 운반된답니다.

그럼 잎에서는 어떤 일을 해요?
잎은 빛을 받아 양분을 만드는 일을 한답니다. 대부분의 식물의 잎은 햇빛을 잘 받기 위해 넓고 편평하지만, 특이한 모양의 잎을 갖는 식물도 있어요.

가시가 보이죠? 선인장의 가시는 수분을 잃지 않기 위해 식물 스스로 잎 모양을 바꾼 거랍니다. 줄기도 보호하고요!
우아, 가시가 아니라 잎이었군요!
잎에 찔리지 않게 조심해야겠다!

네 번째 수업 4

식물의 광합성과 양분의 이동

식물의 광합성에 대하여 알아봅시다.
식물의 양분의 이동에 대하여 알아봅시다.

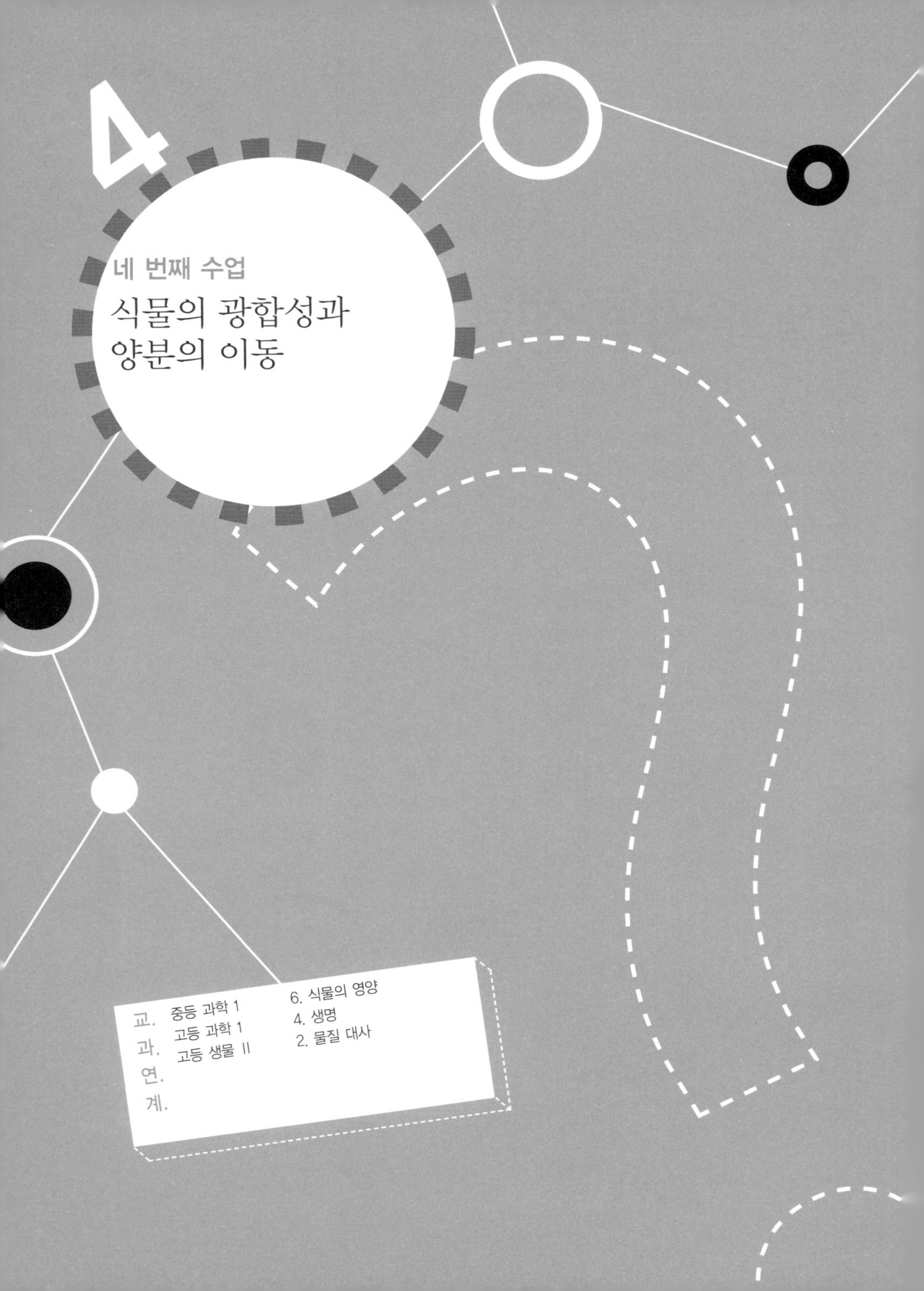

4

네 번째 수업

식물의 광합성과 양분의 이동

교과 연계

중등 과학 1	6. 식물의 영양
고등 과학 1	4. 생명
고등 생물 II	2. 물질 대사

슐라이덴이 넓적한 식물의 잎을 가지고 와서 네 번째 수업을 시작했다.

우리가 살아가기 위해서 꼭 필요한 것은 음식이에요. 우리가 먹은 음식은 소화 과정을 거쳐 에너지를 만들어 내고 우리가 자라는 데 필요한 재료들을 제공하지요. 이때 산소가 꼭 필요해요. 산소는 폐로 들어와서 우리 몸의 모든 세포로 들어가지요. 세포에서는 바로 이 산소를 이용해서 영양소를 분해할 수 있는 거랍니다. 이 과정에서 에너지를 얻게 되고 물과 이산화탄소가 배출되지요.

그렇다면 식물은 어떤 과정을 통해서 에너지를 얻고 성장하는 데 필요한 재료를 얻을까요?

광합성

기원전 4세기쯤에 고대의 철학자 아리스토텔레스(Aristoteles, B.C.384~B.C.322)는 식물이 자라는 데 필요한 모든 것은 흙에서 얻을 수 있다고 했지요. 그 후로 2천 년이나 지나서야 화학자이자 의사인 헬몬트(Jan Baptista van Helmont, 1579~1644)라는 사람이 아리스토텔레스의 생각이 옳지 않았다는 것을 증명했어요.

헬몬트는 화분에 담긴 흙의 무게를 잰 후 식물을 그 화분에 심고 몇 년 동안 키운 후에 다시 화분의 흙의 무게와 식물의 무게를 재어서 식물과 흙의 무게를 비교했답니다. 그런데 식물의 무게는 75kg이나 늘었는데 흙은 겨우 100g밖에 줄지 않았어요. 이 실험은 식물이 자라는 데 필요한 모든 것을 흙에서 얻는 것은 아니란 사실을 의미했던 거죠.

그렇다면 식물은 성장에 필요한 양분을 어디서 얻는 것일까요? 헬몬트는 물에서 그 답을 얻었지요. 지금 생각하면 옳은 생각은 아니지만 식물의 생장에 물이 꼭 필요하다는 사실을 알게 해 주었지요.

100년이 지난 후 프리스틀리(Joseph Priestley, 1733~1804)의 실험을 통해 식물은 생장하면서 산소를 내보낸다는 사실을 알게 되었어요. 프리스틀리는 두 개의 병을 준비하여 한 병에는 쥐와 식물을 넣고, 다른 병에는 쥐만 넣어 밀폐해 놓았어요. 얼마 후 쥐만 넣은 병에서는 쥐가 죽어 있었지만 식물과 함께 넣은 병에서는 쥐가 살아 있었어요. 이 실험을 통해서 식물은 산소를 방출한다는 사실을 알게 되었던 거예요. 이후 잉겐호우스(Jan Ingenhousz, 1730~1799)에 의해 프리스틀리의 실험은 빛이 있는 상태에서만 이루어진다는 사실을 알아내었어요.

이렇게 여러 학자들의 연구 결과 식물은 흙에서 물을, 공기로부터 이산화탄소를, 그리고 태양으로부터 빛을 얻어서 양분을 만들어 살아간다는 것을 알게 되었지요.

이렇게 식물이 공기 중의 이산화탄소와 땅속의 물 그리고 태양의 빛 에너지를 이용해서 포도당을 만들고 산소를 내보내는 과정을 광합성이라고 하지요.

$$6CO_2 + 6H_2O \xrightarrow{\text{빛}} C_6H_{12}O_6 + 6O_2$$

이산화탄소 물 포도당 산소

그럼 광합성은 식물의 어느 부분에서 일어날까요?

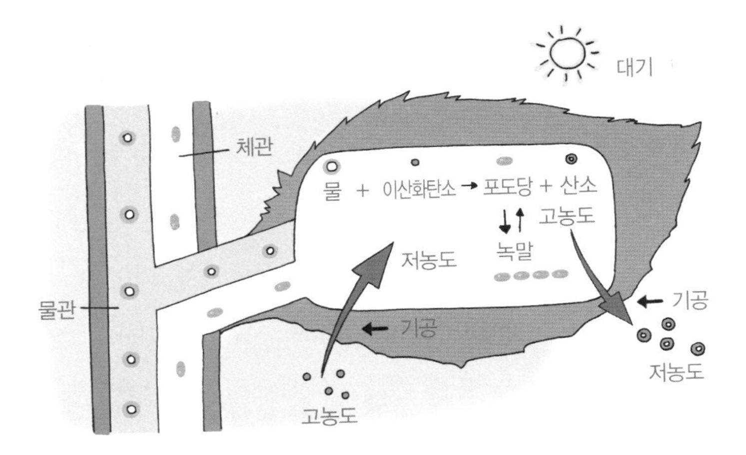

엽록체

식물의 일부 세포 안에는 녹색의 작은 알갱이가 들어 있는데 이를 엽록체라고 불러요. 대부분의 잎의 세포는 아주 많은 엽록체를 갖고 있기 때문에 녹색을 띠는 것이랍니다. 왜냐하면 엽록체는 녹색을 띠는 엽록소라는 색소를 함유하고 있기 때문이에요.

빛은 가시광선의 모든 색을 가지고 있지만 색소는 가시광선 중에서 일부는 반사하고 나머지는 흡수해요. 엽록소는 녹색을 반사하고 나머지는 흡수하기 때문에 여러분이 보는 잎은 대부분 녹색을 띠는 것입니다.

봄과 여름의 잎에는 많은 엽록소가 있어서 녹색으로 보이

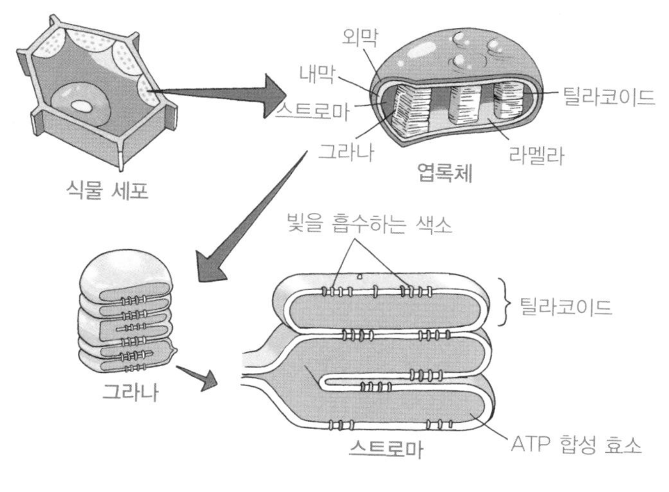

엽록체의 구조

지만 가을에는 엽록소가 분해되어 잎에 있던 다른 색소가 보이기 때문에 울긋불긋한 단풍을 즐길 수 있는 것이지요.

바로 식물의 이 엽록소가 빛 에너지를 이용해 양분을 만드는 과정을 광합성이라고 하는 거예요. 즉 광합성은 엽록체에서 일어난다는 말이지요. 따라서 식물에서 광합성은 엽록체를 가진 세포에서만 일어난답니다. 예를 들어 당근의 경우, 광합성은 당근의 녹색 잎에서만 일어난다는 거죠. 당근의 뿌리 세포에는 엽록체가 없고 일반적으로 땅속에 있어 빛을 받지 않기 때문에 광합성이 일어나지 않아요. 그렇지만 잎에서 만들어진 양분은 열매와 뿌리에 저장되지요.

기공

대부분의 잎의 표피에는 작은 구멍이 있는데 이를 기공이라고 하지요. 기공은 이산화탄소, 산소와 같은 기체 그리고 물이 식물 안으로 들어오거나 식물 밖으로 나갈 수 있는 통로예요. 식물이 뿌리에서 흡수한 물의 90% 이상은 기공을 통해 식물 밖으로 빠져나가요. 한창 성장하는 토마토의 경우에는 하루에 1,000mL의 물이 기공을 통해서 빠져나가요. 여러분이 흔히 마시는 작은 우유팩 5개 정도로 생각보다 많은 양이지요. 그런데 이 기공은 잎뿐만 아니라 많은 식물의 줄기에서도 볼 수 있어요.

그런데 기공을 통해 어떻게 기체나 물이 들어오고 나가는 것일까요? 그것은 기공 주변을 둘러싼 공변세포라고 불리는 두 개의 세포가 기공의 크기를 조절하기 때문이에요. 예를 들면, 물이 기공 주변의 공변세포 안으로 들어오면 세포가 부풀어 오르면서 구부러져 기공이 열리게 되고 반대로 공변세포에서 물이 빠져나가면 세포가 쭈그러들고 기공은 닫히게 되지요. 기공은 일반적으로 낮 동안 열리는데 대부분의 식물이 양분을 만들기 위한 재료인 이산화탄소를 기공을 통해서 받아들이기 위해서예요. 보통은 광합성을 하지 않는 밤 동안에는 기공이 닫히게 되지요.

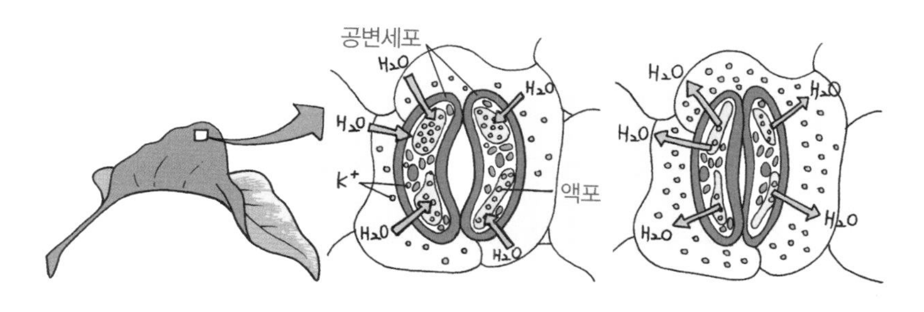

기공의 열림과 닫힘

명반응과 암반응

광합성 과정 동안 복잡한 화학 반응이 일어나요. 일부 화학 반응은 빛이 필요한 과정인 반면, 어떤 반응은 빛이 없어도 일어나지요. 따라서 빛이 필요한 반응은 일반적으로 명반응이라 부르고 그렇지 않은 반응은 암반응이라고 합니다.

명반응 과정은 엽록체에 있는 엽록소를 포함한 광합성 색소가 빛 에너지를 화학 에너지로 바꾸어서 저장하는 과정이지요. 빛 에너지는 뿌리에서 흡수한 물 분자를 산소와 수소로 분해합니다. 산소는 기공을 통해서 식물 밖으로 빠져나가는데, 여러분이 살아가는 데 필요한 기체이지요. 그리고 수소는 빛이 없을 때 일어나는 광합성의 암반응에서 사용됩니다.

명반응 과정에서 저장된 화학 에너지는 명반응에서 만들어

진 산소와 기공을 통해서 들어온 이산화탄소를 결합해서 포도당을 만드는 데 사용되지요. 식물은 보통 살아가기 위해 사용되는 것보다 더 많은 포도당을 만들어서 남는 포도당은 주로 녹말의 형태로 저장해요. 당근이나 감자, 양파를 먹을 때 여러분은 식물이 저장한 광합성 산물을 먹고 있는 것이지요.

식물의 광합성은 식물 자신을 위해서뿐만 아니라 다른 생물에게도 아주 중요한 과정이랍니다. 왜냐하면 식물이 광합성을 통해 만든 포도당은 다른 생물들의 먹이가 되기 때문이에요.

또한 앞에서 살펴본 것처럼 광합성 과정 동안 식물은 이산화탄소를 사용하고 산소를 방출하지요. 인간을 포함한 대부분의 생물들은 살아가기 위해서 산소가 필요한데, 오늘날 대기에 존재하는 산소의 90%는 광합성에 의해 만들어진 산소라고 해요.

식물의 영양

우리가 집에서 식물을 키우다 보면 생장이 부실해지고 색이 변하는 것을 볼 수 있어요. 그때는 화분에 영양제를 주면 다시 싱싱하게 자라게 되지요. 식물은 빛과 이산화탄소를 이용해서 스스로 양분을 만들어 낸다고 했는데 또 어떤 양분이 필요할까요?

우리가 뿌리에 대해서 배울 때 식물은 토양에서 물뿐만 아니라 무기 양분도 흡수한다고 했어요. 이 무기 양분은 광합성을 통해서 얻은 포도당과 결합해서 살아가는 데 필요한 거의 모든 물질을 만들어 낼 수 있지요. 대부분의 식물들은 살아가는 데 17가지 정도의 물질이 필요해요. 그중에 탄소와 산소, 수소는 공기에서 얻지만 나머지는 흙에서 얻지요.

이런 양분이 부족한 토양에서 식물이 자라면 잎의 색이 변하거나 잘 자라지 못하고, 꽃이 피지 않는 경우도 있어요. 예를 들면 마그네슘이 부족한 토양에서 자란 식물은 엽록소를 합성하지 못해서 잎이 노랗게 변하지요. 대부분의 토양이 이런 양분이 충분하지 않기 때문에 집에서 식물을 키우거나 농사를 지을 때 토양에 비료를 주는데, 비료에는 여러 가지 무기 양분이 포함되어 있어요. 비료의 주성분은 토양에 부족하고 식물이 많이 필요로 하는 질소, 인, 칼륨이지요. 그런데 비료를 너무 많이 주면 남는 비료는 지하수나 강, 호수를 오염시키기도 하지요. 최근에는 이런 환경 오염을 막기 위해 화학 비료보다는 유기 비료를 쓰는데, 유기 비료의 무기 양분은 미생물에 의해 천천히 분해되어 나오기 때문에 환경 오

염을 줄일 수 있어요.

식물의 호흡

사람이 살아가는 데 음식뿐만 아니라 산소도 매우 중요하지요. 산소는 코와 입을 통해 우리의 폐로 들어가 몸속의 모든 세포로 이동하지요. 우리의 세포는 우리가 먹는 음식을 분해해서 에너지를 얻는데, 이때 산소가 사용되고 이산화탄소와 물을 배출해요. 노폐물인 이산화탄소는 피를 통해서 폐로 이동하여 숨을 내쉴 때 밖으로 빠져나가요.

그렇다면 식물은 에너지를 어떻게 얻고 이때 무엇이 필요하며 노폐물은 어떻게 제거할까요?

식물은 광합성을 통해 만들어진 양분을 운반하고 기공을 열고 닫는 데 필요한 에너지를 호흡을 통해 만들어요. 또한 일부 에너지는 엽록소와 같은 광합성에 필요한 물질을 만드는 데도 사용되지요. 사람과 마찬가지로 식물도 호흡을 통해서 양분을 분해하여 살아가는 데 필요한 에너지를 얻어요.

즉, 호흡은 영양소를 분해해서 에너지를 방출하는 화학 반응입니다. 영양소를 분해할 때 산소가 필요할 수도 있고 그렇지 않을 수도 있어요. 우리가 알고 있는 대부분의 식물은 호흡할 때 산소가 필요하지요. 호흡에 의해서 만들어진 노폐물인 이산화탄소도 중요한데 대기로 이산화탄소를 돌려보내는 역할을 해요. 이렇게 대기로 내보내진 이산화탄소는 다시 식물이 사용하지요.

물과 양분의 이동

식물의 키는 아주 다양해요. 현재 세계에서 가장 큰 나무는 미국에 있는 미국삼나무인데 100m가 넘어요. 그리고 우리나라에서는 62m가 넘는 은행나무가 있어요.

이렇게 키가 수십 미터가 넘고 줄기의 지름이 몇 미터씩이나 되는 나무들은 어떻게 그렇게 크게 자랄까요? 그리고 뿌리에서 흡수한 물과 양분들을 그렇게 높은 곳까지 어떻게 이동시킬 수 있을까요?

식물은 움직임이 없고 조용해서 살아 있다고 생각이 들지 않을 거예요. 그런데 보이지는 않지만 식물의 안쪽에서는 많은 일들이 일어나고 있어요. 이른 봄, 나무에 귀를 대고 가만히 들어 보면 물이 흐르는 소리를 들을 수 있어요. 바로 토양에서 흡수한 물이 줄기를 따라 잎으로 올라가는 소리예요.

식물의 뿌리에서 줄기, 그리고 잎까지는 관다발로 연결되

어 있어요. 관다발은 뿌리에서 흡수한 물과 무기 양분, 그리고 잎에서 광합성에 의해 만들어진 양분이 이동하는 통로지요. 관다발은 세 가지 조직으로 이루어져 있어요. 물관 조직은 속이 비어 있는 관 모양의 세포들이 한 줄로 연결되어 뿌리에서 흡수한 물과 무기 양분을 식물 전체로 운반해요. 특히 잎까지 이동한 물은 수증기 상태로 대기로 배출되지요. 이처럼 잎에서 물이 증발하는 현상을 증산 작용이라고 해요.

또한 물관은 두꺼운 세포벽을 갖고 있어서 식물을 지지하는 것을 돕지요. 그리고 체관은 물관과 마찬가지로 관 모양의 세포들로 이루어져 있지만 세포의 끝 부분이 체처럼 구멍이 뚫려 있어서 체관이라고 부르지요. 식물이 광합성을 통해서 만든 양분을 다른 부분으로 이동해서 사용하거나 저장하는 데 이용되지요. 일부 식물에서는 형성층이 물관과 체관 사이에 존재하는데, 형성층은 새로운 물관과 체관을 만드는 조직이에요. 이렇게 형성층이 있는 식물들은 줄기의 굵기를 증가시킬 수 있어요.

식물은 세 가지 힘에 의해서 수백 미터 높이까지 물을 끌어올릴 수 있어요. 첫 번째로 뿌리압을 들 수 있어요. 식물의 뿌리와 주변 토양의 물의 농도 차이에 의해 물이 식물 뿌리로 들어가는데, 이렇게 삼투 현상에 의해 흡수된 물을 줄기로

밀어 올리는 압력을 뿌리압이라고 하지요. 두 번째로 식물의 꼭대기까지 물을 끌어올리는 원동력으로 증산 작용을 들 수 있어요. 잎의 기공을 빠져나가는 물을 보충하기 위해 잎맥의 물관에 연결되어 있는 물 분자를 끌어올리지요. 그런데 여기에서 중요한 것은 물 분자의 특성이에요. 물 분자들 사이의 결합력 때문에 물 분자는 끊어지지 않고 뿌리에서 잎까지 연결되어 있을 수 있어요. 게다가 물 분자가 물관벽에 붙어 있

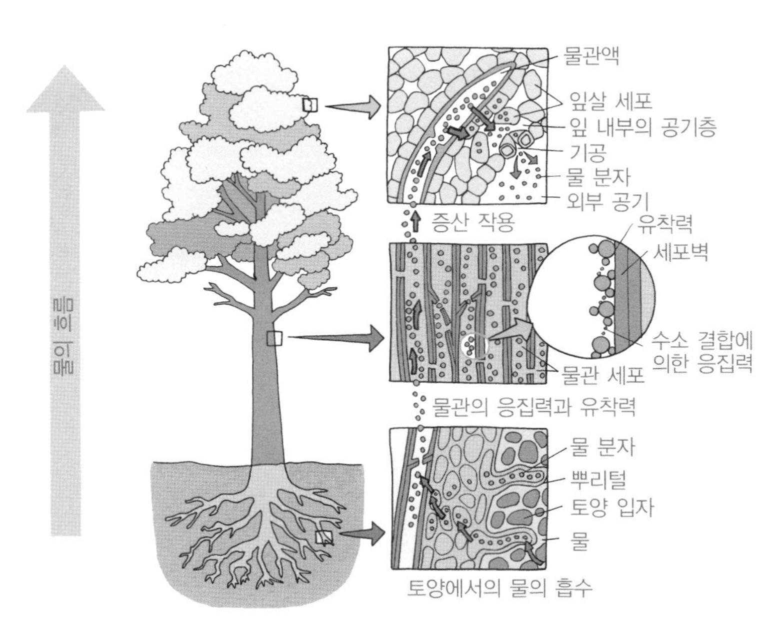

물의 이동에 대한 모식도

으려는 성향 때문에 물이 중력의 반대 방향으로 올라가는 데 도움을 주고 있지요.

이처럼 증산 작용을 통해서 식물은 살아가는 데 필요한 물과 무기 양분을 얻을 수 있지요. 그리고 식물들은 수분이 증발하면서 열도 함께 가져가기 때문에 뜨거운 여름날에 잎을 시원하게 하는 데 도움을 주어요. 그렇지만 몸체가 큰 식물의 경우, 하루에 수백 리터의 물을 증산 작용을 통해 대기로 보내고 있어서 땅속에 물이 부족한 경우에는 증산 작용이 계속되면 결국 식물은 시들어 버리지요. 잠깐 동안은 식물이 참을 수 있어서 다시 물을 주면 살아나지만, 오랜 시간이 지나면 죽게 되지요. 앞에서 배웠듯이 잎에 있는 기공은 증산 작용을 조절할 수 있어서 광합성을 하는 낮 동안에는 열어 두었다가 밤이 되거나 식물체에 수분이 부족한 경우에는 닫아 두어요.

잎에서 일어나는 광합성 과정을 통해 만들어진 포도당과 다른 유기 양분들은 물과 함께 체관을 통해 양분이 만들어진 곳에서 양분이 필요한 곳으로 이동해요. 보통은 광합성이 일어나는 잎이나 줄기에서 뿌리 또는 자라나는 식물의 줄기 끝, 과일 등으로 이동해요.

체관에서 양분의 이동은 어떤 힘에 의해 일어나는 것일까요? 양분이 많이 만들어지는 쪽의 체관에는 양분의 농도가 높기 때문에 물관으로부터 물이 많이 들어오지요. 이렇게 들어오는 물의 힘 때문에 양분의 농도가 높은, 즉 양분이 만들어지는 곳으로부터 양분의 농도가 낮은 곳인 양분이 필요한 장소로 이동한다고 생각하고 있어요.

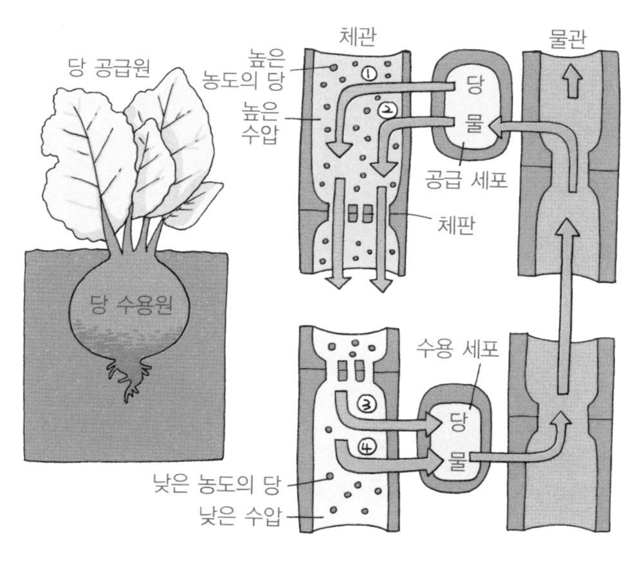

양분 이동 그림

만화로 본문 읽기

우주 군, 여기서 뭐하고 있어요?
광합성이요!
하하, 식물 놀이 2탄인가요?
햇살이 이렇게 좋으니 식물들이 광합성 하기 딱 좋겠네요.
광합성은 잎에서 일어나는 거죠?

네, 그렇답니다. 식물 세포 안에는 엽록체가 있어요. 그리고 그 안에는 초록색의 엽록소가 있지요. 광합성은 이 엽록소 안에서 일어납니다.
식물세포
외막
내막
스트로마
그라나
엽록체
틸라코이드
그라나
틸라코이드
빛을 흡수하는색소
광합성이란 구체적으로 어떤 과정인가요?
엽록소에서 빛 에너지, 이산화탄소, 물을 이용해 포도당을 만들고 산소를 내보내는 과정을 광합성이라고 해요.
체관
물관
물 + 이산화탄소 포도당 + 산소
녹말
고농도
광합성은 꼭 초록색 부분에서만 일어나는 것인가요?

네, 맞습니다. 보통 가을이 되면 엽록소가 분해되어 잎은 울긋불긋하게 물들고 마침내 낙엽으로 떨어지는 것이랍니다.
사람도 광합성을 하면 좋을 텐데!

뭐가 좋은가요?
밥 먹으러 집에 안 가도 햇빛만 있으면 계속 배부르게 놀 수 있잖아요!

다섯 번째 수업

5

식물의 생식

식물은 어떻게 자손을 만드는지 알아봅시다.

5

다섯 번째 수업

식물의 생식

교과 연계		
	초등 과학 5-2	3. 열매
	중등 과학 2	4. 식물의 구조와 기능
	중등 과학 3	1. 생식과 발생

슐라이덴이 학생들에게 씨앗을 보여 주면서 다섯 번째 수업을 시작했다.

오늘은 조금 어려운 이야기를 할 거예요. 식물도 동물과 마찬가지로 자신과 닮은 자손을 만들어 종족을 유지하는데 이런 현상을 생식이라고 한답니다. 식물은 어디에서, 어떤 방법으로 자손을 만드는지 자세히 살펴봅시다.

무성 생식과 유성 생식

사람이나 동물처럼 식물도 생식 기관에서 정자와 난자에

해당하는 생식 세포를 만들고 수정을 통해 새로운 자손을 만들지요. 이렇게 자손을 만드는 방법을 유성 생식이라고 해요. 유성 생식을 통해 만들어진 자손은 부모와 닮은 부분도 있지만 생김새가 다르지요.

사람과 대부분의 동물들은 유성 생식만을 하지만, 많은 식물들은 무성 생식이라는 방법으로 자손을 만들어요. 무성 생식은 정자와 난자가 필요 없이 자신의 몸이 떨어져 나가 자손을 만드는 방법이며 유성 생식과 달리 자신과 완전히 똑같은 자손을 만들 수 있어요.

씨 없는 포도, 씨 없는 감귤, 씨 없는 바나나 등 우리가 먹는 많은 종류의 식물의 열매는 씨앗이 없어요. 이 식물들이 씨앗을 만들지 않으면 어떻게 새로운 식물을 얻을 수 있을까요? 대부분의 식물 세포들은 다양한 세포로 자랄 능력이 있어서 무성 생식을 통해 새로운 식물을 만들 수 있어요. 적당한 조건에서 한 개의 잎이나 줄기, 뿌리의 아주 작은 부분을 이용해서 전체 식물을 만들 수 있지요.

무성 생식은 수백 년 동안 농업에 사용되어 왔는데 앞에서 말한 여러 종류의 과일 외에도 감자나 잔디와 같은 식물도 무성 생식으로 번식하는 특성을 이용하고 있지요. 포기 나누기, 꺾꽂이, 접붙이기 등과 같은 다양한 방법을 이용하고 있어요. 우리가 맛있게 먹는 감귤은 탱자나무에 귤을 접붙이기 해서 얻고 있지요.

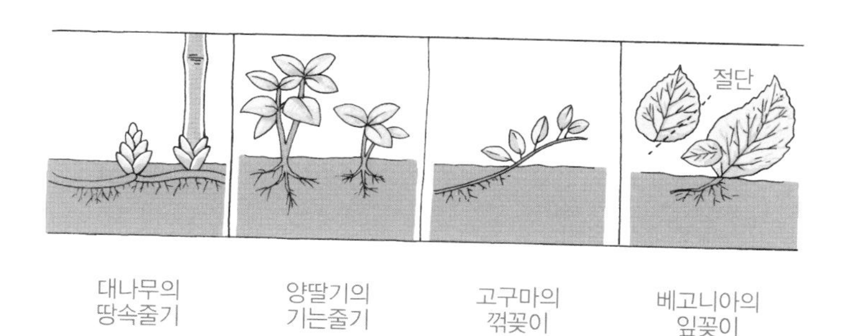

대나무의 땅속줄기 / 양딸기의 기는줄기 / 고구마의 꺾꽂이 / 베고니아의 잎꽂이

과학자의 비밀노트

영양 생식

생식 세포가 아닌 뿌리, 줄기, 잎과 같은 영양 기관의 일부에서 새로운 개체를 만들어 번식하는 무성 생식의 한 방법이다.
땅속줄기, 덩이줄기, 덩이뿌리, 기는줄기와 같이 자연적으로 나타나는 영양 생식과 꺾꽂이나 접붙이기와 같은 인공적인 영양 생식이 있다.
자신의 우수한 형질을 유전시킬 수 있고 빠르게 번식이 가능하기 때문에 안정된 환경에서 사는 식물에게 유리한 생식 방법이며, 농업이나 원예에서 많이 이용하고 있다.

생식 기관

동물과 마찬가지로 식물도 정자를 만드는 기관과 난자를

만드는 기관이 있어요. 이런 생식과 관련된 기관을 생식 기관이라고 해요. 보통은 식물에서 뿌리, 줄기, 잎과 같은 부분을 영양 기관이라고 하고 정자와 난자가 만들어지는 꽃과 같은 부분을 생식 기관이라고 하지요.

식물의 종류에 따라서 정자와 난자를 만드는 생식 기관이 같은 그루에 있는 식물을 자웅동주(암수한그루)라고 하고, 다른 그루에 있는 경우는 자웅이주(암수딴그루)라고 해요. 자웅동주 식물의 경우에는 한 꽃 안에 수술 또는 암술만 있는 단성화와 암술, 수술이 한 꽃에 있는 양성화가 있어요. 복숭아, 진달래, 무궁화와 같이 대부분의 식물이 양성화인 반면, 오이, 호박, 옥수수와 같은 식물은 단성화예요. 정자와 난자를 만드는 생식 기관이 따로 다른 그루에 있는 자웅이주 식물에는 은행나무, 소철, 시금치 등이 있어요.

식물의 생활사

모든 세포 안에는 염색체라고 하는 유전 물질이 들어 있어요. 염색체는 두 짝으로 이루어져 있는데, 한 짝은 엄마한테서 온 것이고 다른 한 짝은 아빠한테서 온 염색체이지요. 이렇게 두 짝의 염색체로 이루어진 세포를 이배체 세포라고 하고 2n으로 표시해요.

두 짝의 염색체인 이배체 세포가 반으로 나누어지는 감수 분열(생식 세포 분열) 과정을 거치면 한 짝의 염색체로 이루어진 반수체 세포가 되는데 n으로 표시하지요. 정자와 난자 같은 생식 세포는 반수체 세포랍니다. 사람의 경우, 아빠로부터 온 정자가 엄마의 난자와 만나 이배체인 아이를 만드는 것과 마찬가지예요.

과학자의 비밀노트

감수 분열(생식 세포 분열)

- 정의 : 반수체인 생식 세포를 만들기 위해 이배체의 세포로 살아가는 진핵 생물에서 일어나는 세포 분열을 가리킨다.
- 과정

  감수 분열 과정 동안 세포는 두 번의 분열을 통해 4개의 반수체 세포를 만든다. 첫 번째 감수 분열은 이전에 정자와 난자에서 온 염색체의 짝(이러한 염색체를 상동 염색체라고 함)들이 서로 나누어지는 과정이다. 세포 안의 염색체는 체세포 분열과 마찬가지로 첫 번째 감수 분열이 일어나기 전에 자신과 똑같은 염색체를 복제해서 두 가닥이 되며, 두 번째 감수 분열에서 두 가닥의 염색체는 서로 나누어진다. 이렇게 두 번의 분열을 통해서 반수체인 4개의 세포가 만들어지는 것이다.
- 의의

  유성 생식은 유전적 다양성을 높일 수 있으나 두 세포의 결합은 세대가 거듭됨에 따라 두 배씩 염색체의 수가 늘어나는 문제에 직면하게 된다. 따라서 생식 세포가 형성되는 과정에서 염색체 수를 반으로 나누는 과정인 감수 분열을 통해 생물은 항상 일정한 수의 염색체를 유지하게 되는 것이다.

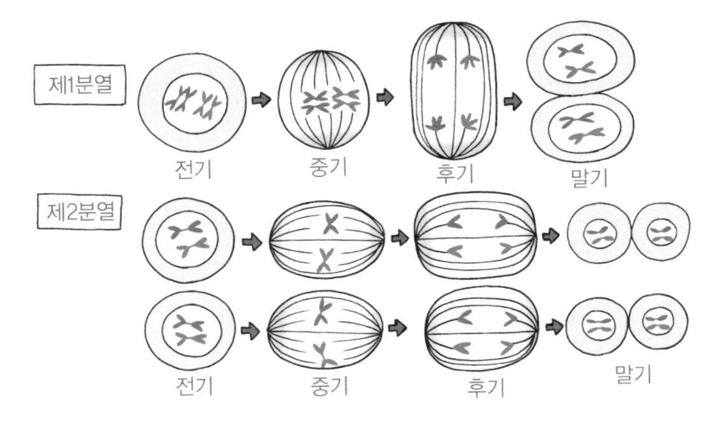

감수 분열

사람은 이렇게 정자와 난자 같은 생식 세포를 제외하고는 온몸이 이배체인 세포로만 평생을 살아가지요. 그런데 식물은 사람처럼 이배체 세포로 이루어진 몸체로 살아갈 때도 있지만 정자와 난자 같은 세포가 아닌데도 몸을 이루는 모든 세포가 반수체 세포로 이루어져 있을 때도 있어요. 이렇게 반수체 시기와 이배체 시기가 번갈아 가면서 나타나는 현상을 세대 교번이라고 해요. 이것은 식물이 갖고 있는 아주 중요한 특징이지요.

식물의 반수체 시기는 반수체 세포인 포자 또는 홀씨에서 시작해요. 포자는 씨앗을 만들지 않는 많은 식물과 곰팡이가 자손을 멀리 퍼트리는 데 주로 사용하지요. 포자는 세포 분

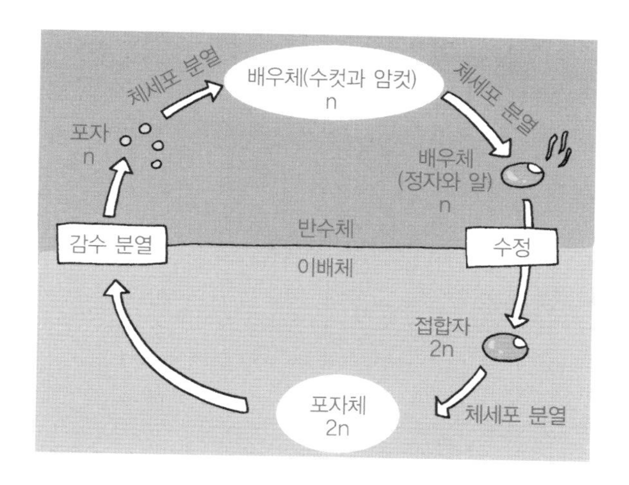

세대 교번

열을 계속해서 반수체로 이루어진 식물의 몸을 만들어요. 반수체로 이루어진 식물을 배우체 식물이라고 해요. 보통은 암배우체 식물과 수배우체 식물이 따로 만들어지는데, 각각의 배우체 식물의 생식 기관에서 정자와 난자가 만들어지지요. 정자와 난자를 배우자라고 하고 배우자를 만드는 식물이라고 해서 배우체 식물이라고 하지요.

반수체로 이루어진 정자와 난자가 서로 만나 수정이 이루어지면 이배체의 세포가 만들어지고 포자체 시기가 시작됩니다. 수정에 의해 만들어진 이배체 세포는 체세포 분열을 계속해서 이배체로 이루어진 식물로 살아가지요. 우리가 주

변에서 흔히 볼 수 있는 대부분의 식물들은 이배체로 이루어져 있어요. 포자체 식물의 생식 기관은 포자를 만들기 때문에 포자체 식물이라고 하지요. 이렇게 만들어진 포자는 다시 반수체 식물로 자라게 되지요.

우리 주변에서 볼 수 있는 대부분의 식물은 씨로 번식하는 식물인데, 이 식물들은 포자체 식물이라고 했어요. 그럼 배우체는 어디에 있을까요? 씨로 번식하는 식물들의 배우체는 포자체 식물의 생식 기관에 숨어 있어요. 소나무는 솔방울 안에 있고, 장미같이 꽃이 피는 식물은 꽃 속에 숨어 있지요.

씨앗을 만드는 식물의 생식

여러분이 먹는 대부분의 열매와 채소, 그리고 참나무와 단풍나무 같은 나무들은 모두 씨앗을 퍼트려서 번식하는 종자식물이에요. 실제로 대부분의 지구상의 식물들은 종자식물이지요. 어떻게 종자식물이 건조한 육상 생활에 성공했을까요? 아마도 꽃가루와 씨앗을 이용한 생식이 중요한 요인일 거라고 생각해요.

해마다 봄이 되면 꽃가루 알레르기 때문에 고생하는 사람들을 많이 볼 수 있어요. 그리고 소나무 꽃가루가 날려서 차 위에 노랗게 덮여 있는 모습을 볼 수 있지요. 꽃가루는 바로 포자가 발달해서 만들어진 정자를 만드는 배우체 식물이에요. 꽃가루 속의 정자는 난자를 만나서 수정을 해야 하는데 보통 바람이나 물에 의해 꽃가루가 이동하기도 하지만 대부분의 꽃피는 식물들은 곤충과 같은 동물들이 꽃가루를 난자가 들어 있는 식물의 암술로 이동해 주어요. 이렇게 꽃가루가 암술로 이동하는 과정을 수분(꽃가루받이)이라고 해요. 수분이 곤충에 의해 일어나면 충매화, 바람에 의해 일어나면 풍매화, 물에 의해 일어나면 수매화라고 하지요.

과학자의 비밀노트

수분의 방법에 따른 식물의 분류

- 충매화(곤충) : 장미, 개나리, 복숭아 등 대부분의 속씨식물
- 풍매화(바람) : 벼, 보리, 소나무, 잣나무, 느릅나무, 느티나무 등
- 조매화(새) : 동백나무, 파인애플, 바나나, 선인장
- 수매화(물) : 검정말, 연꽃 등 대부분의 수생식물

꽃가루(화분)가 식물의 암술에 닿으면 정자와 꽃가루관(화분관)이 만들어지고 정자는 꽃가루관으로 이동해서 수정이 일어나게 되지요. 수정이 일어나면 암술은 씨앗으로 발달해

요. 씨앗을 잘라서 살펴보면 앞으로 식물이 될 배와 스스로 양분을 만들 때까지 필요한 배젖, 그리고 씨를 보호하고 있는 씨껍질로 이루어져 있어요.

씨앗을 만들어 퍼트리는 종자식물은 소나무와 같은 겉씨식물과 꽃을 피우는 속씨식물로 나눌 수 있어요. 두 식물의 차이는 씨앗이 발달하는 방법에 있는데, 겉씨식물의 씨앗은 구과에서 발달하고 속씨식물의 씨앗은 열매 안에서 발달해요.

겉씨식물의 생식

겉씨식물인 소나무는 솔방울이라고 불리는 구과를 만드는 포자체 식물이에요. 배우체는 솔방울에서 만들어지지만 돋보기로 봐야 볼 수 있을 정도로 작아요. 암솔방울은 비늘로 이루어지는데, 각 비늘의 아래 부분에 두 개의 밑씨가 있고 난자는 밑씨에서 만들어져요. 꽃가루는 암솔방울보다 작지만 같은 나무에 달리는 수솔방울에서 만들어져요.

봄이 되면 소나무의 수솔방울에서 꽃가루가 구름처럼 퍼져나와 주변을 노랗게 덮지요. 이렇게 소나무는 꽃가루가 바람을 타고 난자가 있는 암솔방울로 이동해요. 꽃가루가 엄청나게 많이 나오지만 실제로 암솔방울의 비늘 사이로 들어가서 난자를 만나는 꽃가루는 많지 않아요. 수정이 일어나면 소나무의 씨앗은 암솔방울 안에서 만들어지지요.

소나무의 경우, 수분이 시작한 후부터 씨앗이 될 때까지는 2~3년이 걸릴 만큼 오랜 시간이 걸리지요. 소나무의 씨앗은 바람을 타고 날아가기 좋은 모양으로 되어 있어서 바람을 타고 멀리 날아가서 좋은 환경에 떨어져요. 새로운 환경에서

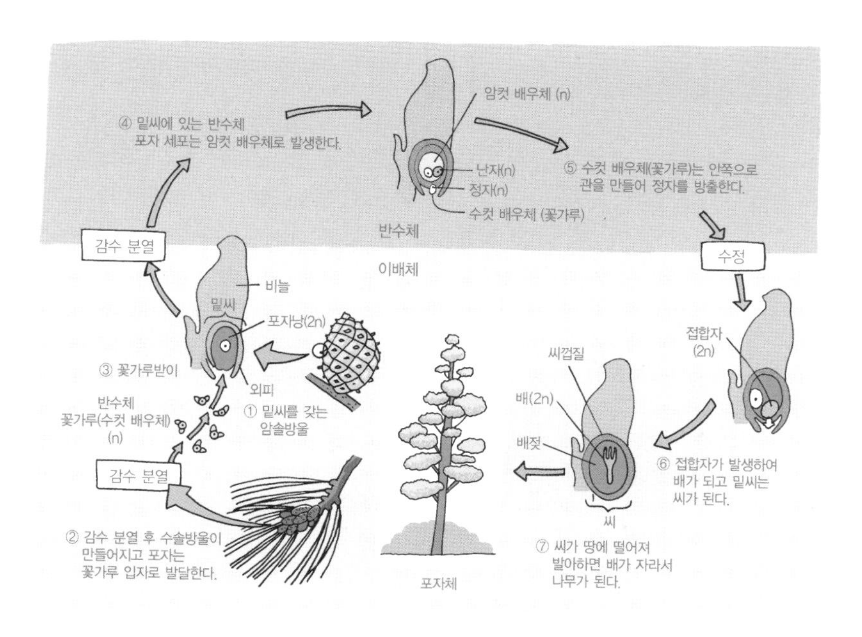

소나무의 생활사

씨앗은 새로운 소나무로 자라게 되지요.

속씨식물의 생식

대부분의 종자식물은 속씨식물이고 모든 속씨식물이 꽃을 만들어요. 포자체 식물은 꽃을 피우지요. 여러분은 보통 꽃이라고 하면 좋은 향기와 화려한 색의 꽃잎을 가진 꽃들을 떠올리겠지만, 어떤 꽃은 꽃잎의 색이 화려하지도 않고 향기도 없는 꽃이 있어요.

꽃은 꽃잎, 꽃받침, 암술, 수술로 이루어져 있어요. 꽃잎은

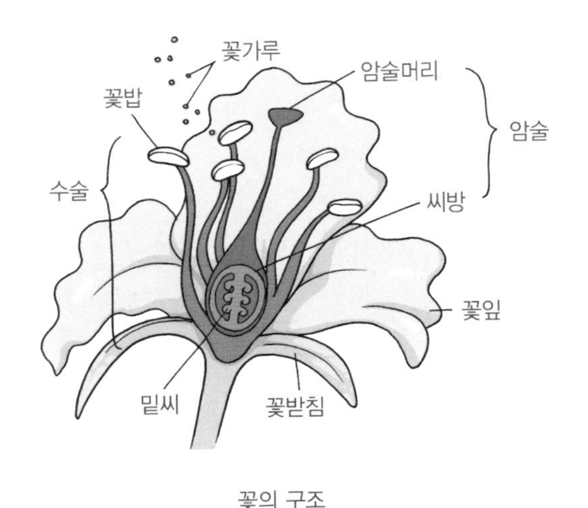

꽃의 구조

화려한 색으로 곤충들을 유인하지요. 꽃받침은 꽃잎 바깥쪽에 잎처럼 생겼지만 꽃과 같은 색인 경우도 있어요. 꽃의 안쪽에는 수술과 암술이 있는데 수술에서는 정자를 만드는 꽃가루가 만들어지고 암술에서는 난자가 만들어지지요.

크고 화려한 색의 꽃잎은 곤충을 포함한 여러 동물들을 유인하지요. 동물은 꿀과 꽃가루를 먹기 위해 꽃을 찾지요. 그 사이에 동물의 날개나 다리에 꽃가루가 묻어 이 동물이 다른 꽃으로 옮겨 가면 다른 식물에게 꽃가루를 옮기게 되지요. 밤에만 피는 꽃은 색보다 향기로 동물을 유인하기 때문에 향기가 아주 강하지요. 보통 동물을 유인할 필요가 없는 풍매

곤충에 의한 수분 과정

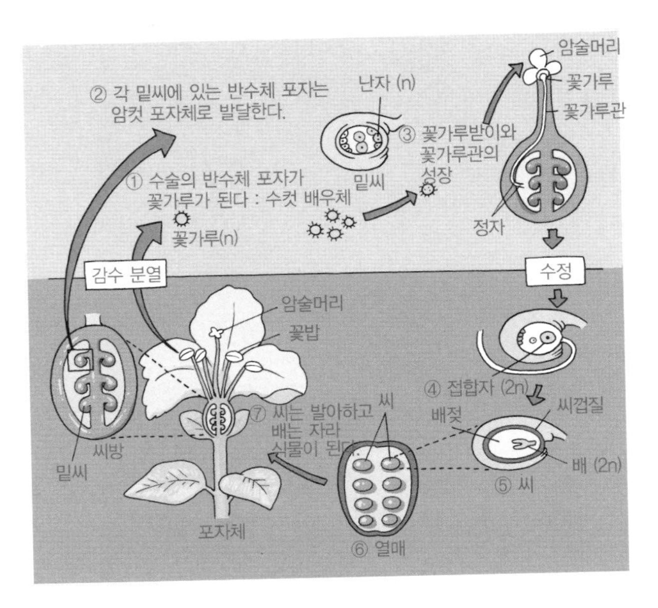

속씨식물의 생활사

화나 수매화는 꽃잎이 작거나 없는 경우도 있어요.

다양한 방법으로 꽃가루가 마침내 암술머리에 닿으면 꽃가루에서 꽃가루관이 자라 나오는데 꽃가루관의 끝에는 정자가 들어 있어요. 꽃가루관은 씨방으로 들어가 밑씨까지 도달하고, 정자는 밑씨에 있는 난자와 수정이 일어나서 배로 발달해요.

수정이 일어나면 씨앗이 만들어지는데 콩과 같은 일부 식물의 씨앗의 경우에는 양분이 떡잎에 저장되는 반면, 옥수수

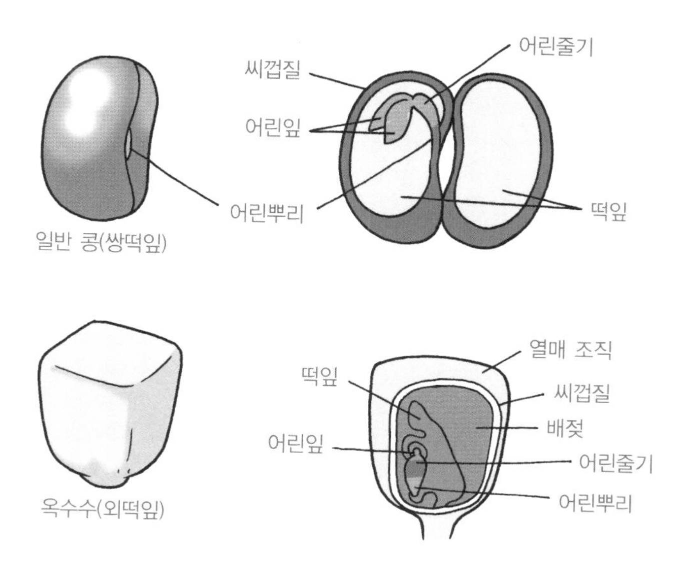

일반 콩과 옥수수 씨앗의 구조

나 밀과 같은 씨앗은 배젖에 양분을 저장하지요.

식물은 여러 가지 방법으로 씨앗을 퍼트리지요. 보통 바람이나 동물에 의해 씨앗을 퍼트리는데, 바람에 의해 퍼지는 씨앗들은 아주 작거나 바람에 잘 날아갈 수 있도록 날개 같은 구조가 달려 있어요. 동물들은 씨앗을 퍼트리는 데 아주 중요한 역할을 하지요. 많은 종류의 씨앗은 맛있는 열매 속에 들어 있고 열매를 먹은 동물에 의해 멀리 옮겨 갈 수 있어요. 어떤 경우는 동물의 몸에 붙어서 옮겨 가기도 하지요.

적절한 환경에서 씨앗은 싹이 트는데, 이런 현상을 발아라고 불러요. 어떤 씨앗은 적당한 온도와 물만 있으면 바로 발아하지만, 어떤 씨앗은 몇 주에서 몇 달이 걸리기도 해요. 일부는 수백 년 동안 발아하지 않고 씨앗의 상태로 있기도 하지요. 동인도연꽃의 씨앗은 466년 만에 싹이 트기도 했어요. 이런 상태를 휴면이라고 하지요. 적절한 환경 조건이 될 때까지 씨앗은 발아하지 않아요. 온도, 빛, 물, 산소의 양도 발아에 영향을 미쳐요. 때로는 동물의 소화관을 통과해야 발아하는 씨앗도 있지요.

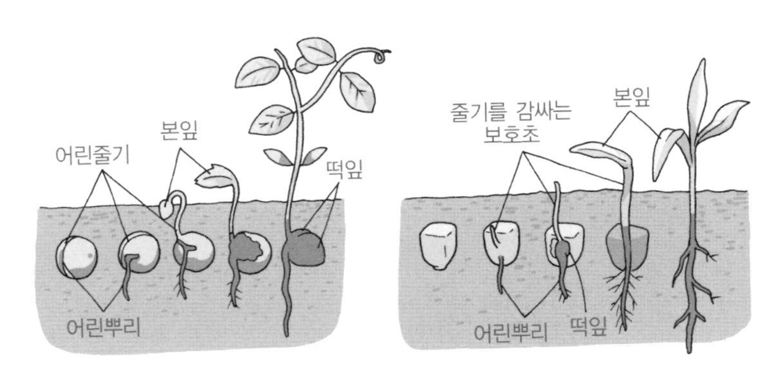

콩과 옥수수의 발아

씨를 만들지 않는 식물의 생식

여러분이 우산이끼나 솔이끼, 고사리를 키우려면 어떻게 해야 할까요? 꽃집에 가도 이런 식물의 씨앗은 구할 수 없어요. 왜냐하면 이 식물들은 씨앗을 만들지 않기 때문이죠. 이 식물의 포자체에서는 반수체인 포자를 만들어요. 포자는 바람이나 물에 의해 퍼지고 배우체 식물로 성장하지요.

우산이끼나 솔이끼는 어떻게 생식을 할까요? 숲 속의 축축한 곳에서 솔이끼는 흔히 볼 수 있어요. 녹색의 식물체는 포자가 자라서 만들어진 배우체 식물이에요. 좀 더 자세히 살펴보면 솔이끼의 위쪽으로 갈색의 자루가 보이는데 그것이 바로 솔이끼의 포자체예요. 포자체 시기는 광합성을 하지 않고 양분과 수분을 모두 배우체에 의존하지요. 갈색의 자루 안에는 수백만 개의 포자가 들어 있어서 적당한 환경 조건이 되면 자루가 열리고 포자는 멀리 날아가요. 포자에서 새로운 이끼가 자라고 생활사는 계속되지요.

우리가 나물로 먹는 고사리도 씨앗을 만들지 않고 포자를 퍼트리는 식물이에요. 여러분이 산에서 보는 고사리는 포자체예요. 솔이끼와 달리 고사리 포자체는 광합성에 의해 양분을 만들어요. 고사리 잎은 엽상체라고 하는데, 잎 뒷면을 보

면 포자낭이 보이고 그 안에는 아주 많은 포자가 들어 있어요. 포자가 축축한 토양이나 바위에 떨어지면 녹색의 작은 심장 모양의 전엽체라고 불리는 배우체 식물로 자라요. 전엽체는 5~6mm 정도의 크기라 쉽게 관찰하기는 어렵지요. 전엽체도 마찬가지로 광합성을 하기 때문에 독립적으로 살아갈 수 있어요.

만화로 본문 읽기

웅~
으악! 벌이다. 저리 가~~~!
쫓지 말아요! 벌은 지금 식물들을 결혼시키고 있는 거랍니다!
결혼이요?

사람이나 동물처럼 식물들도 번식을 하게 되는데, 생식을 맡고 있는 꽃의 수정을 도와주는 것이 벌이에요!
그… 그럼, 식물들도 자손이 생기겠군요.

아~ 벌이 식물의 유성 생식을 돕는군요.
그렇지요. 그리고 식물에는 특이한 번식 방법도 있어요! 바로 '무성 생식'이라는 것이죠.
무성 생식이요? 그럼 벌이나 다른 도움이 없어도 되는 건가요?

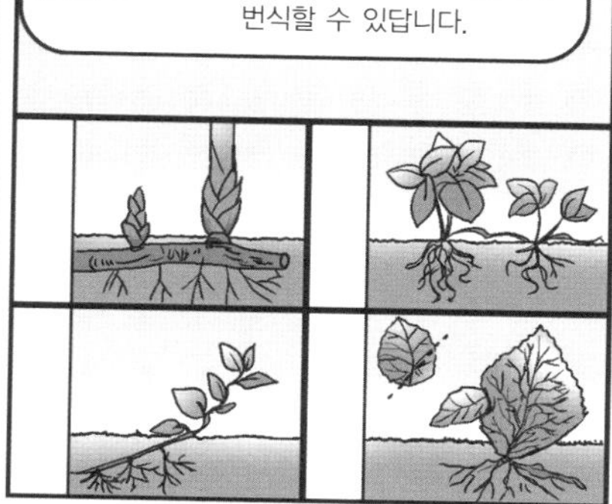
대부분의 식물 세포들은 적당한 조건에서 한 개의 잎이나 줄기, 뿌리의 아주 작은 부분을 이용해서 번식할 수 있답니다.

이런 식물의 무성 생식은 농업에도 많이 활용되었어요. 포기 나누기, 꺾꽂이, 접붙이기 등이 바로 그 방법입니다.
식물의 뛰어난 번식력 덕분에 농업이 이만큼 발전할 수 있었군요.

뭐 하는 거예요, 우주 군?
벌들이 도망가지 않아야 유성 생식이 잘되잖아요. 그래서 조용히 해 주려고요!
살금
살금
하여간, 못 말린다니까~.

여섯 번째 수업

6

식물의 반응과 적응

식물이 외부 환경의 자극에 어떻게 반응하는지 알아봅시다.

6

여섯 번째 수업

식물의 반응과 적응

교. 과. 연. 계.	초등 과학 5-2	1. 환경과 생물
	고등 생물 II	4. 생물의 다양성과 환경

슐라이덴이 다양한 식물의 사진으로 관심을 끌어모으면서 여섯 번째 수업을 시작했다.

생물은 환경 속에서 다양한 자극들을 받고 그러한 자극에 반응하면서 살아갑니다. 자극은 생물체의 외부에서 오는 외부 자극과 생물체 내부에서 일어나는 내부 자극으로 나누어 볼 수 있어요.

누군가 여러분의 이름을 갑자기 부르면 여러분은 깜짝 놀라서 소리가 들리는 방향으로 돌아보게 될 겁니다. 여기서 여러분을 부르는 누군가의 목소리는 외부 자극이고, 여러분이 깜짝 놀라서 돌아보는 것은 반응이랍니다. 반면에 여러분이 가만히 누워 있어도 여러분의 심장이 부지런히 뛰는 경우

는 심장에 내부 자극이 주어지고 이에 심장이 반응하는 것이지요. 일반적으로 내부 자극은 생물체가 만들어 내는 호르몬이라는 화학 물질에 의해 일어나지요. 호르몬은 생물체의 내부에서 필요할 때 필요한 부분에 자극을 주기 위해 만드는 물질이에요.

식물도 마찬가지로 다양한 외부 또는 내부 자극에 반응하며 살아간답니다. 식물이 살아가는 환경에는 어떤 자극들이 있으며, 식물은 어떻게 반응하는지 자세히 살펴봅시다.

호르몬과 식물의 생장

식물은 외부 자극에 반응하여 성장이 변화하는데 이때 호르몬은 식물의 성장 변화를 조절하고 생장에 영향을 미쳐요. 식물은 수백만 분의 일 그램의 호르몬으로도 자극을 일으킬 수 있지요.

많은 식물은 기체 형태의 에틸렌 호르몬을 만들어 주위로 방출해요. 에틸렌은 익어 가는 과일의 세포에서 만들어지는데, 과일이 익는 과정을 자극하지요. 오렌지나 바나나와 같은 과일을 익기 전에 수확하면 초록색인데 운반하는 동안 에틸렌에 노출이 되면 노란색으로 익어 가지요. 에틸렌에 대한 또 다른 반응은 가을에 잎과 줄기 사이에 세포층이 형성되도록 해서 잎이 떨어지도록 하는데 겨울에 식물을 보호해 주는 역할을 하지요.

과학자들은 약 백 년 전에 옥신이라는 식물 호르몬을 발견했어요. 옥신은 줄기와 잎이 빛에 대해 양성 반응을 나타내도록 하는 호르몬의 한 종류이지요. 빛이 식물의 한쪽에서 비추면 옥신은 줄기의 그늘진 쪽으로 이동하고 식물의 세포를 길게 자라게 하지요. 옥신은 다른 식물 호르몬인 에틸렌 같은 호르몬의 생산을 조절해요. 꽃, 뿌리, 과일과 같이 식물의 많은 부분이 옥신에 의해 발달이 자극된답니다. 옥신은 식물이 자라는 데 아주 중요하기 때문에 농업에서는 옥신을 화학적으로 합성해서 사용하지요. 이런 합성 옥신은 식물들이 동시에 꽃이 피고 열매가 맺도록 하는 데 사용되기도 하고 제초제로 사용되기도 해요.

지베렐린과 시토키닌은 식물의 생장에 영향을 미치는 호르몬이에요. 지베렐린은 벼의 웃자람 질병을 일으키는 곰팡이에서 처음 분리되었는데, 이 곰팡이에 감염된 식물은 줄기가 너무 길게 자라서 쓰러지지요. 그런데 식물들도 지베렐린을 만들고 있다는 사실을 나중에 알게 되었지요. 지베렐린은 줄

기를 빨리 자라게 하고 씨앗의 발아를 촉진해요. 지베렐린과 마찬가지로 시토키닌도 식물의 생장을 촉진하지요. 그런데 시토키닌은 세포 분열을 빨리 하도록 해서 식물의 생장을 촉진해요. 에틸렌처럼 시토키닌은 옥신에 의해 조절되고요. 시토키닌은 채소를 오랫동안 신선하게 유지할 수 있게 해 주기도 해요.

앱시스산은 식물의 생장을 억제하는 호르몬이에요. 추운 겨울에 씨앗이 발아하고 겨울눈에서 싹이 트면 얼어 죽겠지요? 앱시스산은 바로 겨울 동안 씨와 겨울눈이 싹트지 않도록 유지하는 일을 하지요. 그리고 기공을 닫히게 해서 뜨거운 여름 동안 수분 손실을 줄일 수 있도록 도움을 주지요.

외부 자극에 대한 식물의 반응

움직임이 자유롭지 못한 식물은 외부 자극에 대해 동물이나 사람처럼 재빠르게 움직여서 반응하는 것이 아니라 생장을 통해 반응을 합니다. 즉, 특정 자극이 주어지는 방향으로 자라거나 오히려 반대 방향으로 자랄 수 있다는 의미지요. 외부 자극에 대한 식물의 이런 반응을 주성(走性)이라고 하는

데 주(走)는 '달리다, 특정 방향을 향하여 가다' 란 의미의 한자어랍니다.

이렇게 자극에 대해 특정 방향으로 움직이는 식물의 주성은 자극이 오는 방향으로 반응하면 양성 반응, 자극이 오는 반대 방향으로 반응하면 음성 반응이라고 말하지요. 식물에게 주어지는 외부 자극에는 접촉, 빛, 중력, 전기, 온도, 어둠 등이 있답니다. 이 중에서 접촉, 빛, 그리고 중력에 대해 좀 더 살펴봅시다.

식물 생장의 변화를 유도하는 외부 자극의 하나는 접촉이에요. 완두콩이 자라면서 단단한 물체에 닿으면 줄기의 한쪽 면이 더 빠르게 자라서 결과적으로 줄기는 접촉한 물체 주변으로 구부러져 자라게 되지요.

창가에 놓아둔 식물이 창문 쪽으로 기울어지는 것을 본 적이 있을 거예요. 빛은 식물이 자라는 데 매우 중요한 영향을 미쳐요. 식물의 한쪽만 빛을 쪼이면 빛을 덜 받는 반대쪽에 있는 세포가 빛을 많이 받는 쪽의 세포보다 더욱 길게 자라게 되어 식물은 빛이 비추는 쪽으로 구부러진답니다. 그래야 식물은 빛을 더욱 많이 받는 쪽으로 자라게 할 수 있지요.

이렇게 식물이 빛의 방향으로 자라는 것을 빛에 대한 양성 반응 또는 양성 주광성(굴광성)이라고 표현해요.

식물의 뿌리에는 아래로 잡아당기는 중력이 자극으로 가해지고, 이에 뿌리는 중력에 반응하여 땅속으로 자라는 것이지요. 뿌리는 이렇게 중력의 방향으로 자라고 줄기는 중력의 반대 방향으로 반응하는 것이지요.

광주기

어떤 식물은 여름이 되면 꽃이 피지만, 어떤 식물은 가을이 되어야 꽃이 피어요. 어떤 자극이 식물의 꽃을 피우는 데 영향을 미칠까요? 하루의 밤과 낮의 길이에 식물이 반응하는 것을 광주기라고 해요.

많은 식물들은 빛을 받는 시간보다는 하루에 일정 시간 이상의 밤이 계속되어야 꽃이 피어요. 일반적으로 꽃이 피는데 12시간보다 더 적은 시간의 밤이 필요한 식물을 장일 식물이라고 부르지요. 시금치, 배추 등이 장일 식물이에요. 그리고 12시간 이상 밤이 계속되어야 꽃이 피는 식물을 단일 식물이라고 부르지요. 딸기가 대표적인 단일 식물이에요.

그래서 실제로는 단야 식물이나 장야 식물로 불러야 하지만 이런 사실이 밝혀지기 전부터 사람들이 장일 식물과 단일 식물이라고 불러 왔기 때문에 그냥 장일 그리고 단일 식물이라고 부르지요. 장미 같은 식물은 밤과 낮의 길이와 관계없이 꽃을 피우는 식물이에요.

자연에서 식물의 광주기는 식물의 생식, 생장 장소 등과 관련해서 아주 중요하지요. 양분과 온도 등 생장 조건이 아주 잘 맞아서 식물이 잘 자라더라도 광주기가 맞지 않으면 꽃이 안 피고 번식을 할 수가 없게 되지요. 어떤 콩과 식물의 경우, 광주기의 범위가 아주 좁아서 9.5시간의 밤의 길이에서는 꽃이 피지만 10시간에서는 꽃이 피지 않아요.

요즘은 온실에서 밤과 낮의 길이를 인위적으로 조절해서 꽃이나 과일들을 수확하는 경우가 많아요. 그래서 우리는 계

절과 관계없이 과일을 먹을 수 있는 거예요.

환경에 적응한 식물

식물은 지구상의 다양한 환경에서 적응하며 자라고 있지요. 예를 들면 뜨겁고 건조한 사막이나 아주 추운 극지방까지도요. 그리고 바위, 물속 그리고 다른 생물에 붙어서도 자랄 수 있어요. 어떻게 식물은 다양한 환경에서 살 수 있을까요? 식물은 자연 선택을 통해서 다양한 환경 조건에서 견디고 적응할 수 있는 구조와 생리적 특성을 갖도록 진화했어요. 그러면 식물들이 어떻게 다양한 환경에 적응해 왔는지 알아보도록 해요.

수생 식물

식물도 호흡을 하기 위해서는 산소가 필요하다고 했어요. 뿌리를 통해서 산소를 공급받아야 하지만 수생 식물이 사는 물속은 산소가 거의 없는 환경이지요. 그래서 물속에 사는 식물들은 공기가 충분히 들어갈 수 있도록 조직 사이에 커다란 공간을 갖고 있어요. 예를 들면 수련은 잎에서 뿌리까지

닿는 긴 잎자루에 커다란 공간을 갖고 있어서 산소가 이 공간을 통해서 뿌리까지 전해지지요. 열대와 아열대의 물속에 사는 맹그로브 나무들은 뿌리 속에 빈 공간이 있어서 물속에 잠긴 뿌리가 호흡을 할 수 있도록 해 주어요.

수련

맹그로브 나무

염생 식물

앞에서도 얘기했던 것처럼 식물은 뿌리에서 물을 흡수할 때 식물 내부와 주변의 물의 농도 차이를 이용해서 물을 흡수한다고 했어요. 식물 주변의 물의 농도가 대부분 높기 때문에 물은 식물 안쪽으로 들어가게 되는데, 바닷가 주변에서는 소금물이기 때문에 물의 농도가 아주 낮게 되지요. 이런 환경에서 견디는 식물은 대부분의 경우에 뿌리털을 재빨리 분해해서 높은 소금 농도의 주변 환경에 적응하고 살지요. 또

한 뿌리에서 흡수한 소금을 잎 표면으로 내보내는 특별한 구조를 갖고 있는데 잎 표면으로 나온 소금은 비가 오면 씻겨 없어지지요.

대표적인 염생 식물로 한국 서해안에 많이 서식하는 퉁퉁마디가 있어요. 퉁퉁마디는 미네랄 함유량이 매우 높아요. 그래서 '함초' 라는 이름으로 불리는 건강 음식 재료로써 인기가 높답니다.

퉁퉁마디

건생 식물

사막과 같이 건조한 환경에 적응해서 살아가는 식물을 건생 식물이라고 해요. 그래서 사막에 사는 식물들은 가끔 내리는 빗물을 빨리 흡수하기 위해서 얕고 넓게 퍼져 있지요.

그리고 수분 손실을 줄이기 위해 잎의 크기도 작고 수분을 보관할 수 있도록 두꺼운 줄기를 갖고 있어요. 아마도 여러분들이 모두 잘 알고 있는 대표적인 건생 식물은 선인장일 거예요.

선인장의 뿌리는 뿌리털이 많고 넓게 퍼지며, 잎은 아예 가시로 변해 버려서 물을 보관하는 뚱뚱한 줄기가 대신 광합성을 하게 되었지요. 이런 환경에서 사는 식물의 씨앗은 대부분 오랫동안 발아를 하지 않고 있다가 비가 조금이라도 오면 순식간에 발아해서 빠르게 자라요. 어떤 식물은 며칠 사이에 자라서 꽃도 피고 열매도 맺는 경우도 있답니다.

선인장

벌레잡이 식물

여러분은 아마도 식물원이나 집에서 식충 식물을 관찰해 봤을 거예요. 끈끈이주걱, 파리지옥, 네펜데스와 같은 식충 식물은 벌레를 분해하여 부족한 무기 양분을 보충하지요. 대부분 잎이 변형된 구조를 이용해서 벌레를 잡아 분해해요. 식충 식물은 주로 춥고 물이 산성을 띠는 습지에 살아요. 이곳은 유기물의 분해 속도가 느리기 때문에 식물이 자라는 데 필요한 무기 양분이 거의 없지요. 이렇게 식충 식물은 양분이 부족한 토양 환경에 적응해서 살아가는 식물이에요.

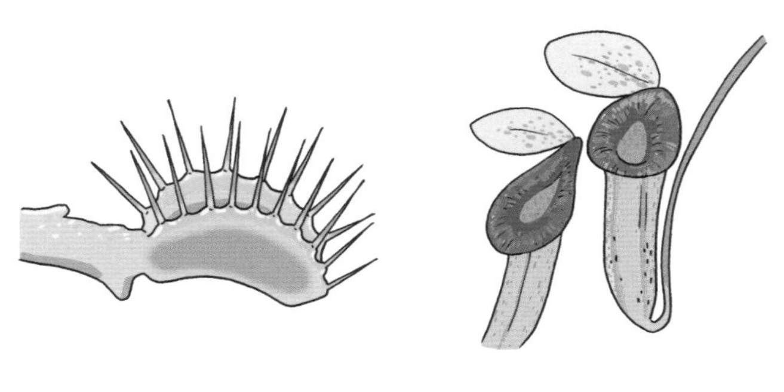

파리지옥　　네펜데스

기생 식물

기생 식물은 일부 또는 모든 양분을 살아 있는 다른 식물로부터 얻는 식물을 말해요. 우리에게 친숙한 기생 식물은 겨우살이에요. 겨우살이의 씨는 숙주 식물의 가지에서 싹이 터서 뿌리가 숙주 식물의 물관을 뚫고 자라 숙주 식물에게서 물과 무기 양분을 얻어먹지요. 때로는 기생 식물이 너무 크게 자라서 숙주 식물이 빛을 받을 수 없게 하거나 많은 물과 무기 양분을 빼앗아 죽게 할 수도 있어요.

겨우살이의 경우에는 광합성을 하지만 어떤 식물은 광합성도 하지 않고 완전히 숙주 식물에게서 양분을 빼앗아 먹고 사는 식물도 있어요.

겨우살이

착생 식물

착생 식물은 다른 식물의 위에서 자라는 식물을 말해요. 보통은 나무의 가지에서 자라지요. 그렇지만 기생 식물과 달리 광합성을 통해서 양분을 얻지요.

땅 위의 식물과 다른 점은 착생 식물은 필요한 물과 무기 양분을 땅에서 얻는 것이 아니라 잎으로 떨어지는 빗물에서 얻는다는 점이지요. 착생 식물은 대부분 열대 우림에서 살고 있으며 많은 종류의 난초가 착생 식물이에요.

풍난

초식 동물 피하기

많은 곤충 특히 애벌레는 식물을 먹고 자라지요. 식물은 움직일 수 없어서 곤충을 피해 도망갈 수가 없지요. 그래서 여러 가지 화학적인 방법을 사용해요.

식물은 화학 물질을 만들어 잎이나 줄기에 저장해 두는데 어떤 화학 물질은 곤충이 먹으면 바로 죽는 치명적인 독소인 경우도 있고 곤충의 성장이나 생식에 영향을 미치는 호르몬인 경우도 있어요. 이런 화학 물질 중 일부는 아스피린과 같이 사람들이 의약품으로 개발해서 사용하는 것도 있지요. 여러 가지 약초를 이용해서 만드는 한약의 여러 성분들은 식물이 초식 동물로부터 자신을 보호하기 위해서 만든 화학 물질들인 셈이지요. 여기에 관해서는 다음 시간에 조금 더 알아보도록 해요.

만화로 본문 읽기

어라, 이 허브들이 왜 밖으로 휘었지?
빛 때문이랍니다.

식물에게 빛은 아주 중요하지요. 빛을 받기 위해 빛이 들어오는 쪽으로 휘게 되면 그것을 가리켜 양성 주광성이라고 합니다.
움직이진 못해도, 몸을 틀 수는 있군요!

식물은 각자 고유의 반응이 있답니다.
지금 보이는 이 검은 천은 빛을 가리기 위한 장치예요. 빛을 12시간 이상 받지 않아야 꽃이 피는 까다로운 식물들을 위한 것이랍니다.

여러분이 좋아하는 딸기 같은 식물이 대표적인데요. 이런 식물들을 '단일 식물'이라고 합니다. 일조 시간이 짧아야 한다는 뜻이랍니다.
저한테 다 주세요!
어휴~ 욕심쟁이!

식물들은 빛뿐만 아니라 각자의 환경에 적합하게 적응을 하면서 살아가지요.
연 같은 경우에는 뿌리에 산소를 저장해 뿌리 호흡을 하면서 살아갑니다.

움직이진 못해도, 그 자리에서 현명하게 사는 방법을 터득한거네요!
맞습니다!
생각보다 똑똑한 식물인걸!

마지막 수업 7

식물과 인간

식물과 인간의 관계에 대해 알아봅시다.

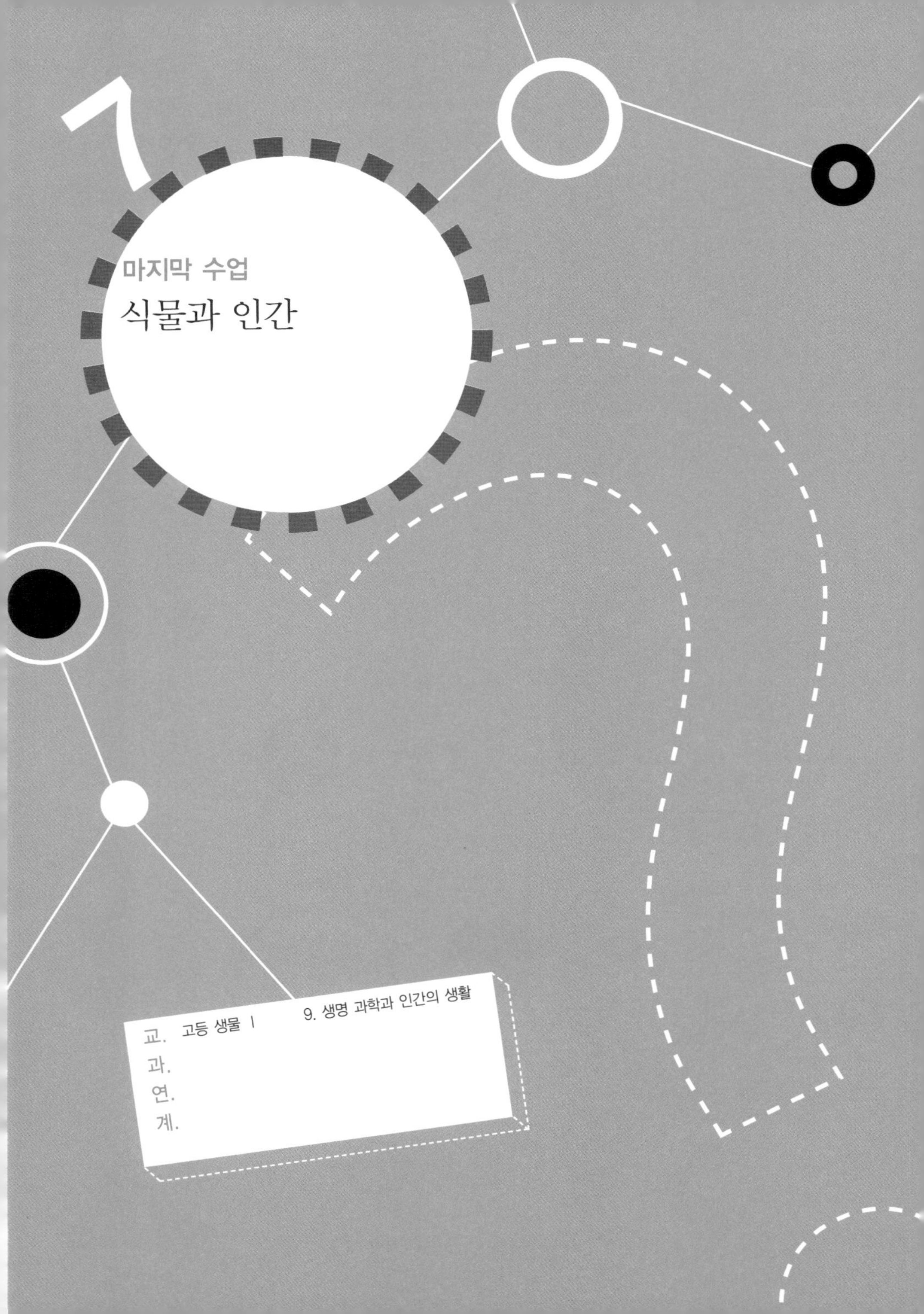
7
마지막 수업
식물과 인간
교. 고등 생물 Ⅰ 9. 생명 과학과 인간의 생활
과.
연.
계.

슐라이덴이 오늘도
많은 자료를 준비해 와서
마지막 수업을 시작했다.

지금까지 우리는 식물의 다양한 면을 살펴보았어요. 오늘 수업은 식물에 관한 마지막 수업으로 식물들이 우리 인간의 생활에 어떻게 이용되고 있는지에 대해서 알아보려고 해요.

식물과 인간 생활

식물이 없다면 여러분의 학교 생활은 어떨까요? 아마도 종이와 책은 지금과 다른 모양이 되었겠지요. 종이는 나무로

만들어지기 때문이지요. 의자와 책상도 나무로 만들어졌지요. 식물로 만든 옷도 없을 것이고 점심에 먹을 음식도 찾기 힘들겠지요. 밥, 빵, 과일 등도 모두 식물에서 왔지요. 게다가 소고기, 우유, 햄버거 등도 식물을 먹여 키운 동물에서 얻은 것이지요. 대부분의 식물은 동물의 먹이로 사용되지요.

사람들은 식물을 자연에서 직접 채취해서 먹기도 하지만 주로 논과 밭에서 키워 먹어요. 쌀, 보리 같은 곡식류와 콩과 팥 같은 콩과 식물, 여러 가지 채소, 그리고 다양한 과일들이 해당하지요. 먹는 부위도 버릴 것이 없을 정도예요. 잎, 줄기, 열매, 씨앗은 물론이고 꽃을 먹기도 하지요.

농업

인간은 농사를 짓기 시작하면서 정착하게 되었지요. 여러 가지 증거들은 지금으로부터 대략 1만 년에서 1만 2천 년 전이라고 생각하고 있어요. 이전에는 떠돌아다니며 사냥과 채취로 살던 사람들이 식물을 키우는 방법을 발견한 후 식물을 심고, 키우고, 수확하기 위해서 대부분 한곳에 머무르게 되었지요. 지금도 많은 사람들의 직업이 농업이지요.

수천 종의 다양한 식물들이 식량으로 키워지고 있어요. 그렇지만 대부분의 사람들은 몇 종의 식물, 예를 들면 쌀, 밀, 옥수수 등에 의존해서 살아가지요. 일부는 가축을 키우는 데 사용되기도 해요.

그런데 생각해 보면 우리가 먹는 식물 중에서 대부분은 씨앗이에요. 쌀이나 밀, 옥수수와 같은 단자엽 식물은 배젖에 많은 양분을 저장하기 때문에 우리는 이 식물의 배젖을 식량으로 사용하고 있는 거예요.

지금은 여러 나라에서 많은 종류의 식물들을 키우거나 수입을 해서 먹기 때문에 우리가 먹는 식물이 아주 다양해지고 있어요.

이처럼 오늘날 육종과 농업 기술의 발달로 농업의 효율은 아주 높아졌지요. 예를 들면 우리의 주식인 쌀의 경우는 육종을 통해 몇십 년 전에 비해 지금 재배하고 있는 벼의 품종이 병충해에 강하고 많은 양의 쌀을 생산하고 있지요.

농업 기술 또한 눈부신 발전을 했어요. 농업에서 제일 중요한 기술은 바로 농약과 화학 비료예요. 지나친 농약과 화학 비료의 사용은 환경 오염을 유발하고 있지만, 이러한 농업 기술에서의 진전은 같은 면적에서 훨씬 많은 양의 식량을 얻을 수 있어 식량 부족의 문제를 해결하는 데 큰 기여를 했지요.

의약품

수천 년 전부터 사람들은 식물을 약으로 사용해 왔어요. 한약재의 많은 종류가 식물이니까요. 식물은 초식 동물로부터 자신을 보호하기 위해 몸에 독소를 만들어요. 그래서 어떤 식물은 사람이 잘못 먹으면 죽을 수도 있어요. 그런데 어떤 독소는 다른 생물들에게는 독이 되지만 사람이 먹으면 약이 되는 경우도 많이 있지요. 우리가 해열제로 사용하는 아스피린은 원래 버드나무에서 추출한 물질로 만들어졌고, 주목나무에서 추출한 텍솔이란 물질은 현재 항암제로 사용되고 있지요. 그리고 은행나무에서 추출한 물질은 혈액 순환제로 사용되고 있어요.

생물 연료

석유와 같은 화석 연료의 사용에 의한 이산화탄소의 배출로 지구 온난화와 같은 환경 문제와 화석 연료가 고갈되면서 세계적인 문제가 되고 있어요. 화석 연료를 대체할 에너지로 태양열이나 바람을 이용한 에너지를 생각할 수 있겠지만 이런 에너지는 화석 연료를 완전히 대체하기 어렵겠지요.

그래서 성장 속도가 아주 빠른 생물을 이용하는 생물 에너지가 큰 관심을 받고 있어요. 식물이 광합성으로 식물체에 저장한 빛 에너지를 에너지로 사용하자는 거지요. 식물이 광합성을 통해 많은 에너지를 양분으로 저장하고 있지만 사람들은 전체의 5%도 사용하지 않는다고 해요. 이렇게 남는 에너지를 사용한다면 화석 연료를 사용하지 않아도 되고 대기의 이산화탄소의 양에도 영향을 미치지 않을 것이에요. 포플러와 같은 식물은 1년에 3~4m씩 자라는데, 이런 식물을 분해하여 알코올로 발효시키면 생물 연료로 사용할 수 있지요.

여러 가지 기술적인 어려움이 있지만 활발하게 연구가 진행되고 있기 때문에 실제로 우리 생활에서 많이 사용될 거라고 생각해요.

식물 생명 공학

생명 공학의 기술을 식물에 적용하는 경우를 식물 생명 공학이라고 하지요. 보통 생명 공학 기술이라고 하면 유전자 조작을 의미해요. 전통적인 육종과 달리 생명 공학적인 육종

은 특정 유전자를 직접 특정 식물에게 도입하는 유전자 조작을 통한 품종 개량을 하고 있어요. 이렇게 만들어진 식물을 형질 전환 식물이라고 하지요. 이런 방법은 수백 년에 걸쳐서 이루어져 온 선택적 육종과 교배 과정을 생략할 수 있어 훨씬 효율적이지요.

그렇지만 형질 전환 생물체에 관해서는 건강이나 환경에 대한 위험성 때문에 많은 걱정과 논란이 이루어지고 있어요. 과학 기술의 진보는 대부분 의도하지 않은 위험성을 갖고 있기 때문에, 이러한 문제에 대한 어떤 결정이나 논쟁은 과학적인 정보과 연구 결과를 바탕으로 이루어져야겠지요.

생물 다양성과 보존

식물은 입고, 먹고, 자는 모든 곳에 사용되고 있고 의약품의 중요한 자원이라는 것을 사람들이 점점 인식하고 있어요. 그런데 생활에 없어서는 안 되는 이런 식물이 점점 사라지고 있어요.

사람들이 살아가는 공간을 점점 넓히다 보니 식물이 살 공간이 줄어들고 있는 셈이지요. 특히 열대 지방의 울창하고 다양한 수백 년 된 식물을 목재로 사용하기 위해 마구 자르고, 개발과 농업을 위해서 없애고 있지요.

이렇게 식물이 자라는 공간이 사라지면서 빠르게 종들이 사라지고 있어요. 일단 사라진 종들은 다시 돌아올 수 없지요. 식물이 사라지면 식물과 관련된 동물도 사라지게 돼서 결국은 생태계의 파괴로 나타나 빠르게 생물들이 사라지게 돼요. 다양한 식물 자원을 보존하기 위해서 우리는 무엇을 어떻게 해야 할지 곰곰이 생각해 보길 바라면서 이것으로 수업을 마치겠어요.

만화로 본문 읽기

'식물이 없다면 사람도 없다.' 라고 말한다면 심한 말일까요?
글쎄요, 우린 고기만 먹어도 살 수 있지 않나요?
식물이 없다면 소는 먹을 게 없어지고, 우유, 고기 등 사람은 아무것도 얻을 수 없게 되겠죠?
헉, 안 돼요!

그뿐만 아니라 쌀, 보리, 밀, 옥수수 등은 인류에게 꼭 필요한 식량의 보고랍니다.
쌀이 익어 가는 것이 다르게 보여요!
식량이 되기도 하지만, 어떤 식물은 직접적으로 병을 치료하거나 치료에 도움을 주기도 한답니다. 의약품으로서의 역할을 충실히 하는 것이지요.
정확히 알고 먹어야겠네요.
인삼! 안녕?

인간들의 욕심으로 자꾸만 식물의 터전을 빼앗고 있어요. 지금 당장은 모르지만, 언젠가 식물이 위협을 받게 되면,
쿠르릉! 쿠릉!!
생태계가 위험해진다는 것을 알아야 할 텐데 말이죠!
너무 많아서 당연했던 식물, 한 번만 더 생각해 보면 정말 소중한 존재랍니다.
식물 사랑이 곧 인류 사랑이었군요!
식물과 함께 하지 않으면 인간도 살 수 없으니까요!

부록

과학자 소개
과학 연대표
체크, 핵심 내용
이슈, 현대 과학
찾아보기

과학자 소개

식물 세포학의 아버지, 슐라이덴 Matthias Jakob Schleiden, 1804~1881

슐라이덴은 1804년 독일의 함부르크에서 의사의 아들로 태어났어요. 하이델베르크 대학에서 1824년부터 1827년까지 법률학을 공부한 후 함부르크에서 변호사로 일하게 되었지요.

그렇지만 슐라이덴은 변호사의 직업에 만족하지 못하고 방황하면서 많이 힘들어했어요. 결국 1831년에 변호사를 완전히 그만두고, 정말로 좋아했던 식물학을 공부하기로 결심하고 괴팅겐 대학에 입학했습니다. 현미경으로 식물의 구조를 연구하는 것을 좋아했던 슐라이덴은 식물학으로 박사 학위를 받고 1839년에 예나 대학의 식물학 교수가 되었습니다.

당시에 대부분의 식물학자들은 분류학에 관심을 가졌지만, 슐라이덴은 주로 식물의 구조와 기능에 대해 연구했어요.

슐라이덴은 세포가 생물의 중요한 단위라고 생각했고, 영국의 식물학자인 브라운이 1932년에 발견한 세포핵에 관한 학설을 발전시켜 1938년에 《식물의 기원》이라는 책을 출판했지요. 그 책에서 슐라이덴은 식물체의 모든 부분이 세포로 이루어져 있다고 주장했어요. 오늘날 슐라이덴은 동물의 세계에까지 확장했던 친구 슈반과 함께 세포설의 공동 창시자로 알려져 있어요. 세포설은 현대 생물학에서도 아주 중요한 개념이지요.

1839년부터 1862년까지 예나 대학의 식물학 교수로 지낸 슐라이덴은 다윈의 진화론을 받아들인 첫 독일 과학자 중 한 사람이었으며, 식물학에서 뛰어난 능력을 발휘하였고 새로운 테크닉을 식물학에 도입했기 때문에 '과학적 식물학의 개혁자' 로 불리기도 했어요. 1863년부터는 도파트 대학에서 식물학 교수를 지냈으며, 저서로는 《물과 그 생활》과 《과학적 식물 연구》 등이 있어요.

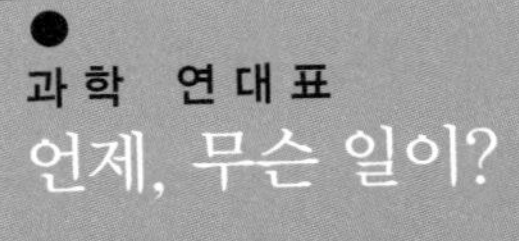
과학 연대표
언제, 무슨 일이?

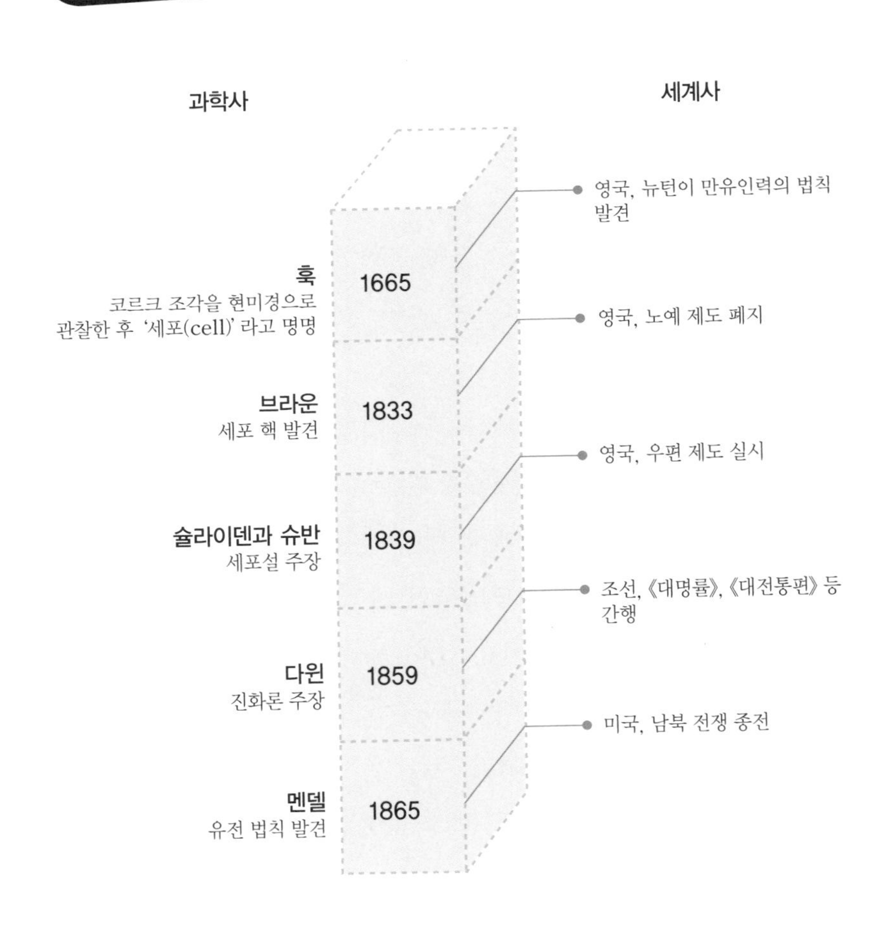
과학사
세계사
영국, 뉴턴이 만유인력의 법칙 발견
훅
코르크 조각을 현미경으로 관찰한 후 '세포(cell)' 라고 명명
1665
영국, 노예 제도 폐지
브라운
세포 핵 발견
1833
영국, 우편 제도 실시
슐라이덴과 슈반
세포설 주장
1839
조선, 《대명률》, 《대전통편》 등 간행
다윈
진화론 주장
1859
미국, 남북 전쟁 종전
멘델
유전 법칙 발견
1865

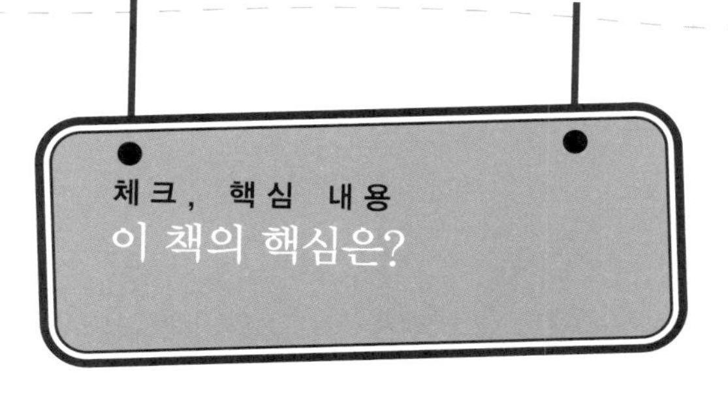

1. 식물은 바다에 살던 □□□ 에서 유래하였습니다.
2. 관다발 □□□ 은 목본 식물에서 물관부와 체관부를 만들어요.
3. 뿌리에서 흡수한 물은 잎의 □□ 을 통해서 수증기의 상태로 증발하는데 이것을 □□ 작용이라고 해요.
4. 식물은 배우체 세대와 포자체 세대가 번갈아 가면서 나타나는데 이것을 □□ □□이라고 해요.
5. 식물의 □□□ 과정에서 다른 생물들이 살아가는 데 꼭 필요한 기체인 □□ 가 만들어져요.
6. 식물의 내부에서 만들어지는 옥신과 같은 □□□ 은 식물의 생장과 발달에 영향을 미칩니다.
7. 전통적인 육종과 달리 생명 공학적인 육종은 특정 유전자를 직접 특정 식물에게 도입하는 유전자 조작을 통한 품종 개량을 하고 있어요. 이렇게 만들어진 식물을 □□ □□ 식물이라고 하지요.

1. 녹조류 2. 형성층 3. 기공, 증산 4. 세대 교번 5. 광합성, 산소 6. 호르몬 7. 형질 전환

이슈, 현대 과학

가뭄을 이기는 식물의 분자 구조 발견

환경 파괴 등 여러 가지 원인으로 지구 생태계는 점점 물이 부족해지고 있어요. 물이 부족하면 생물들은 살아가기 아주 어렵게 되겠지요.

그런데 식물은 물 부족 등 좋지 않은 환경 조건에 접하게 되면, 적응하기 위해서 스트레스 호르몬이라고 부르는 신호물질을 사용해요.

여러 가지 스트레스 호르몬 중에서 앱시스산(ABA)이라는 호르몬이 있어요. 앱시스산 호르몬은 물이 부족한 환경에서도 어느 정도까지는 식물이 견뎌내고 살아갈 수 있도록 도와주는 호르몬이에요. 가뭄과 같은 스트레스 환경에서 식물은 앱시스산의 분비를 늘리는데, 그동안 어떤 과정을 통해 가뭄에 견디게 하는지는 자세히 알지 못했지요. 앱시스산 호르몬은 식물의 생존에 아주 중요하기 때문에 과학자들은 이 호르몬을 이용한 새로운 가뭄 저항성 식물을 개발하려고 노력해 왔어요.

지난 몇 년 동안 과학자들은 가뭄 저항성을 높이기 위해 농작물에 앱시스산 호르몬을 직접 뿌려 보려는 시도도 했지만 가격이 비쌀 뿐만 아니라 분자 구조가 아주 복잡하고 빛에 민감해서 이런 방법으로 농업에 사용된 적은 없었지요.

그렇지만 2009년 5월 미국의 커틀러 박사 연구팀을 비롯한 다수의 연구팀들에 의해 가뭄을 이겨내는 식물의 힘이 분자 구조 수준에서 밝혀지면서, 이제는 안정적인 합성 화학 물질을 식물에 직접 뿌려 식물이 건조한 환경에서 자라는 것이 가능할 것으로 기대하고 있다고 해요.

왜냐하면 앱시스산의 신호가 전달되는 과정을 활성화할 수 있을 뿐만 아니라 앱시스산의 수용체에도 작용하는 새로운 합성 화학 물질을 발견했기 때문이지요.

앞으로 이 연구를 응용해서 물이 부족한 지역에서도 식물이 잘 자라게 할 수 있는 새로운 방법을 찾아낼 수 있기를 기대해 봅니다.

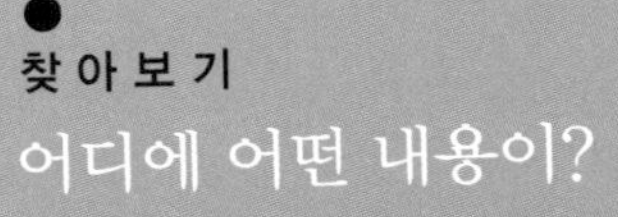
찾아보기
어디에 어떤 내용이?